Nachtrags-Statistik

der

Elektrizitätswerke

in Deutschland

nach dem Stande vom 1. April 1910.

(Ergänzung der Ausgabe vom 1. April 1909.)

Im Auftrage

des Verbandes Deutscher Elektrotechniker, e. V.

herausgegeben von

Georg Dettmar,

Generalsekretär.

Berlin

Verlag von Julius Springer

1910.

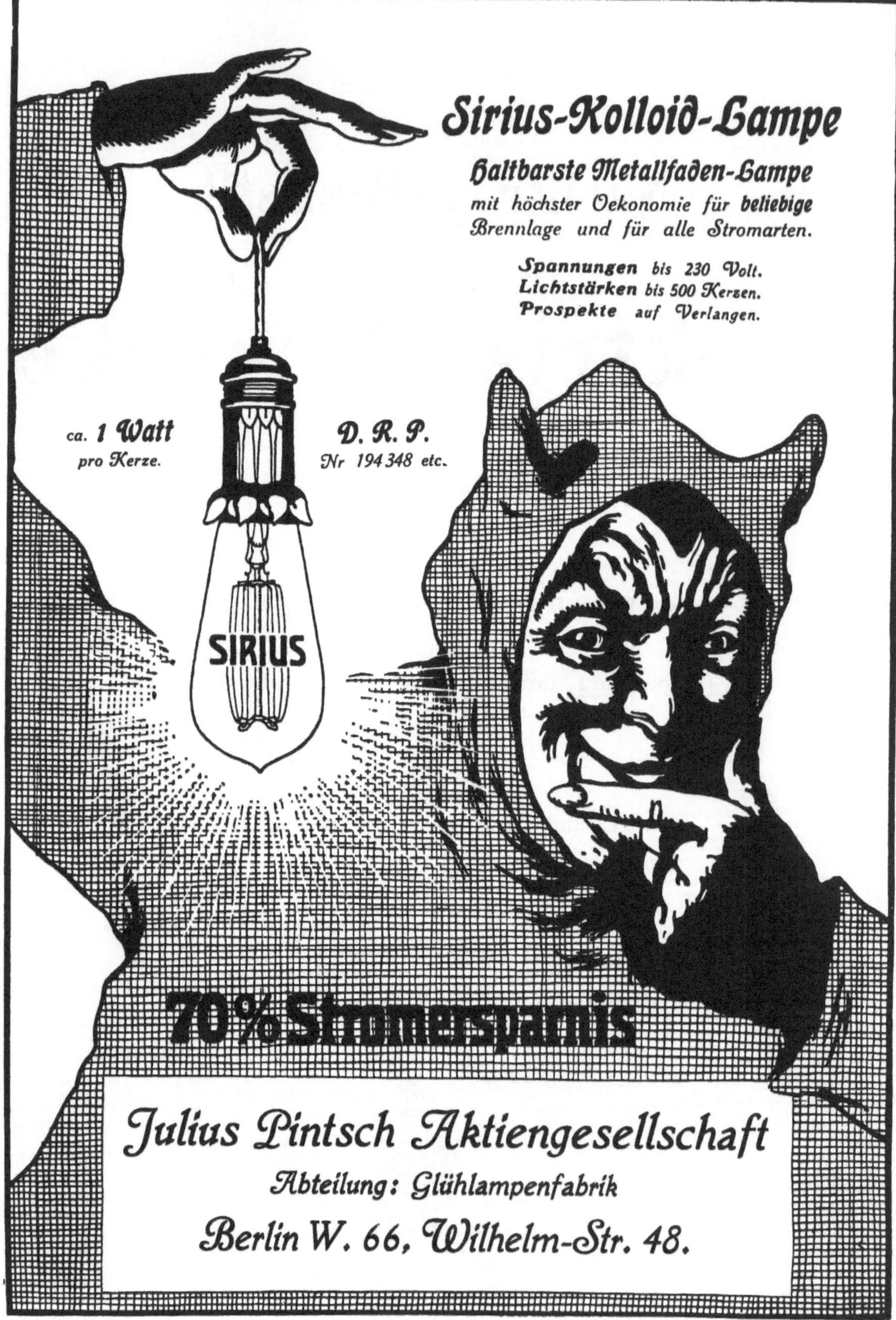

Sirius-Kolloid-Lampe
Haltbarste Metallfaden-Lampe
mit höchster Oekonomie für beliebige
Brennlage und für alle Stromarten.
Spannungen bis 230 Volt.
Lichtstärken bis 500 Kerzen.
Prospekte auf Verlangen.
ca. 1 Watt
pro Kerze.
D. R. P.
Nr 194 348 etc.
SIRIUS
70% Stromersparnis
Julius Pintsch Aktiengesellschaft
Abteilung: Glühlampenfabrik
Berlin W. 66, Wilhelm-Str. 48.

PORZELLANFABRIK
HERMSDORF
SACHSEN - ALTENBURG.

HOCH-
SPANNUNGS-
JSOLATOR:
DELTA-
GLOCKE

D.R.P. und AUSLANDS-PATENTE

Ausgezeichnet durch kräftigen Bau.
Grosse Zugfestigkeit.
Hohe Überschlagsspannung.
Schirmförmige Mäntel mit
trockenen Flächen.

Elektrolytische Condensatoren
für Gleichstromnetze.

Wohlleben & Weber
G. m. b. H.
Saarbrücken 3.

Auskünfte, Kostenanschläge,
Referenzen auf Verlangen.

Stufenschalter
Erdschluß-Anzeiger
Überspannungs-Anzeiger

SCHUTZ
GEGEN
STÖRUNGEN
IN
VERTEILUNGSNETZEN

Selbstinduktionsspulen
zur Abführung
Statischer Ladungen

Elektrische Ventile
System Giles

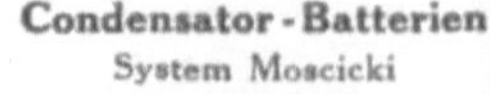

Condensator-Batterien
System Moscicki

MEHR ALS 5000 CONDENSATOREN und VENTILE im BETRIEBE.

SIEMENS - SCHUCKERTWERKE

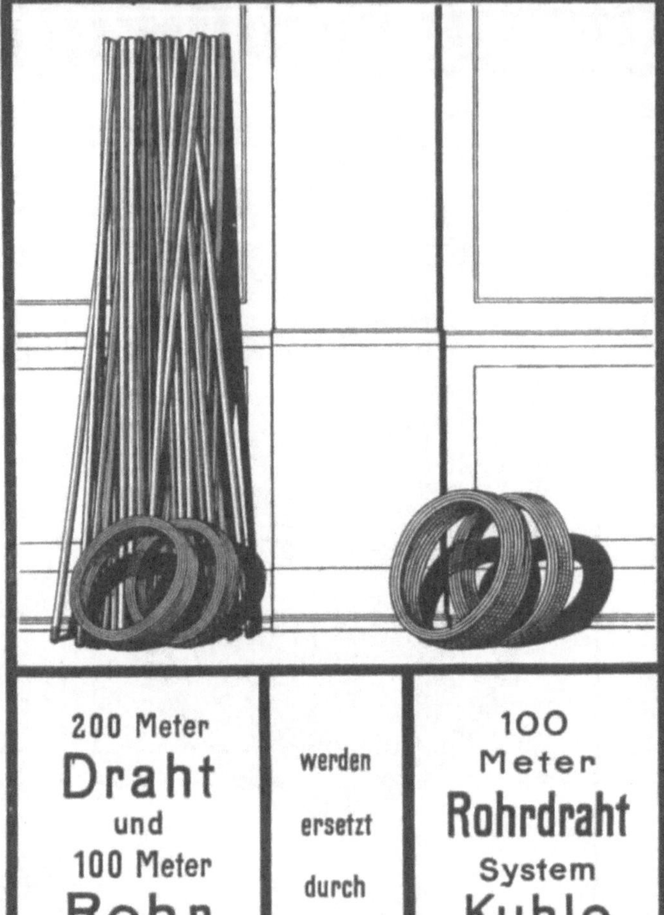

<table>
<tr><td>200 Meter
Draht
und
100 Meter
Rohr</td><td>werden

ersetzt

durch</td><td>100
Meter
Rohrdraht
System
Kuhlo</td></tr>
</table>

Zeta - Schalter und Zeta - Steckdosen.

VORTEILE:

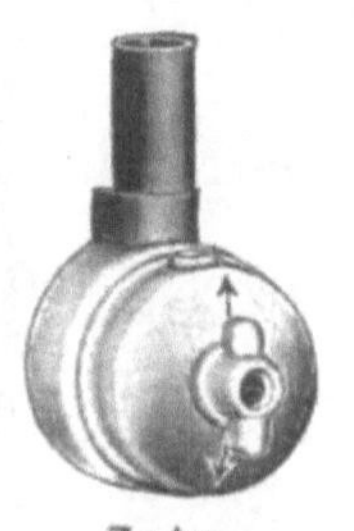

Zeta-Schalter.

Aufserordentlich einfache Montage.
Leichte Kontrolle der Anschlüsse.
Völlige Erdschlufssicherheit.
Gedrungener Bau. Gefälliges Äufsere.
Einfache und billige Lagerhaltung.
Der Kopf wird erst nach Beendigung der
    gröberen Maurerarbeiten auf den Fufs
    aufgeschoben.
Auf den Fufs kann ein Kopf von beliebiger
    Ausführung aufgesetzt werden.

Zeta-Steckdose.

SIEMENS - SCHUCKERTWERKE

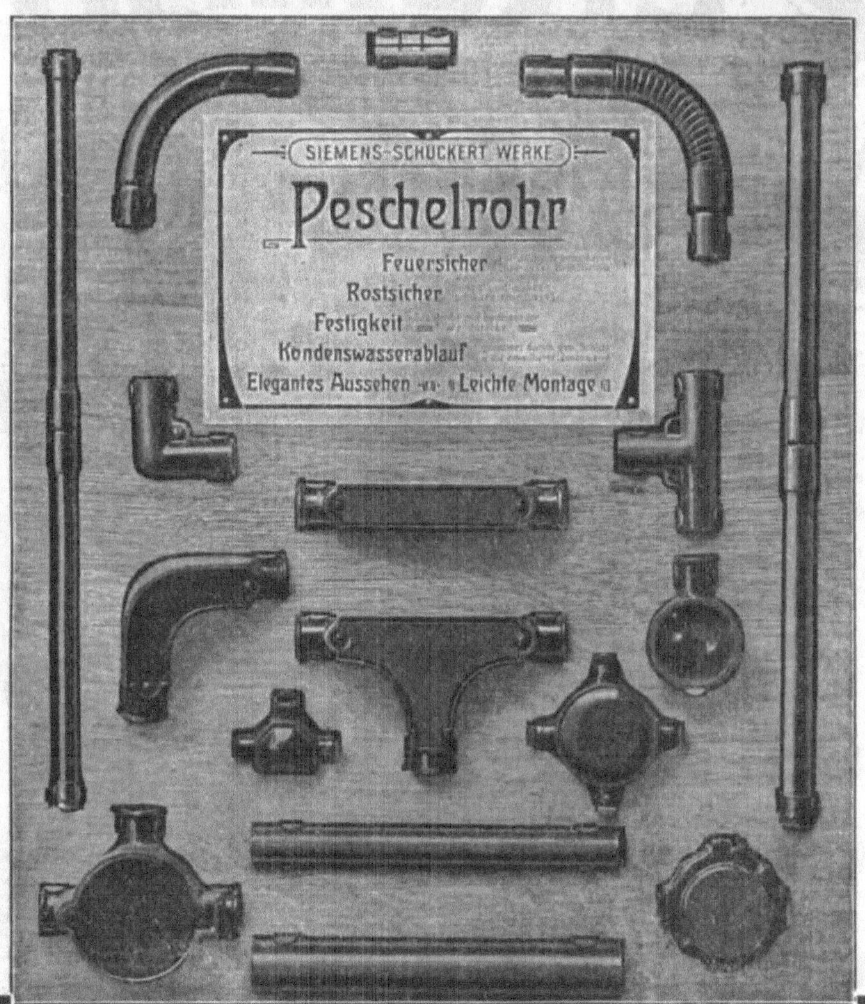

"Diazed"- Sicherungs - System.

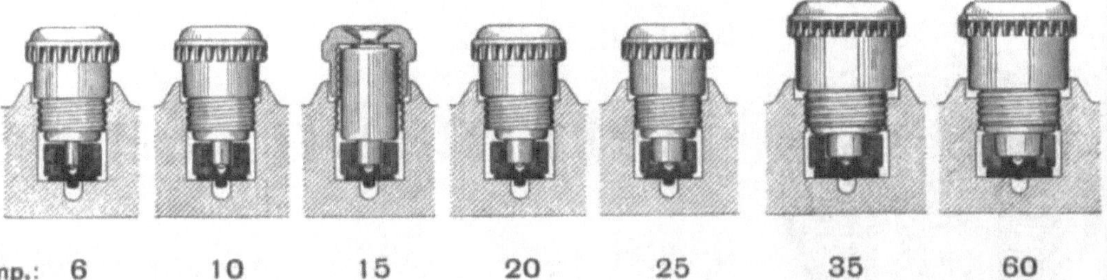

Amp.:	6	10	15	20	25	35	60
Kenn-plättchen:	grün	rot	grau	blau	gelb	schwarz	kupfer
	Normales Edisongewinde					Grosses Edisongewinde	

BERGMANN
ELEKTRICITÄTS-WERKE, A.G.
BERLIN N 65
HENNIGSDORFERSTR. 33/35.

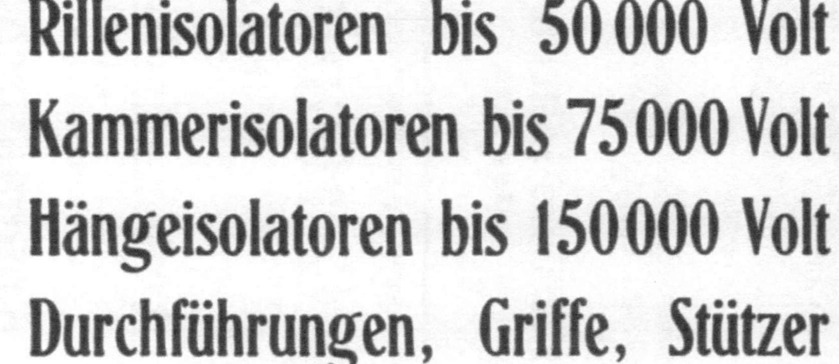

Porzellanfabrik Ph. Rosenthal & Co. A. G., Selb i. Bayern
Prüffeld bis 200 000 Volt
Rillenisolatoren bis 50 000 Volt
Kammerisolatoren bis 75 000 Volt
Hängeisolatoren bis 150 000 Volt
Durchführungen, Griffe, Stützer

G. SCHANZENBACH & Co. Kommandit-Gesellschaft Elektrotechnische Spezial-Fabrik

FRANKFURT a. M. — BOCKENHEIM.

Bogenlampen-Leitungs-Kupplungen mit u. ohne Kurzschließ-Vorrichtung

kombiniert mit

Drahtseil-Entlastung.

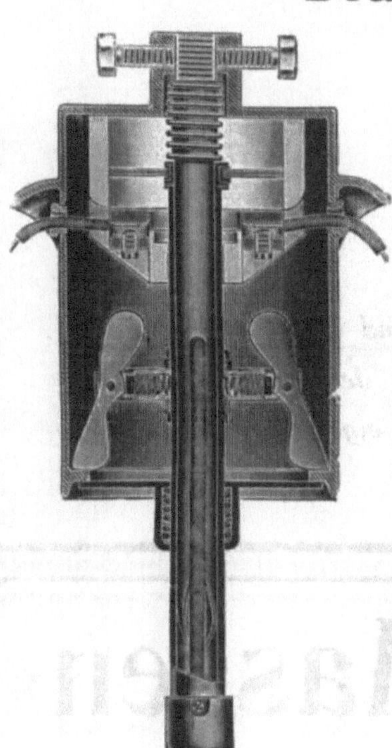

No. 6023.

No. 6023

ist kombiniert mit **Kurzschließ - Vorrichtung, Seilentlastung, Seilklemme** sowie **Verschlußdeckel** zum Schutze gegen **Verstaubung und schädliche Dämpfe.** Sie eignet sich für Anlagen bis 3000 Volt bei in Serie geschalteten Bogenlampen.

Funkenbildung vollständig ausgeschlossen, daher das Verschmoren der Kontakte unmöglich.

No. 6022

ohne **Kurzschließ - Vorrichtung** ist kombiniert mit **Seilentlastung, Seilklemme** und **Verschlußdeckel** zum Schutze gegen **Verstaubung und schädliche Dämpfe.** Sie eignet sich für Einzelschaltung der Bogenlampen.

No. 6022.

Zubehörteile:

No. 6036.

Rollenböcke
in 9 verschiedenen Ausführungen,

Laufkatzen,

Führungsrollen usw.

Man verlange Spezialkatalog No. V.

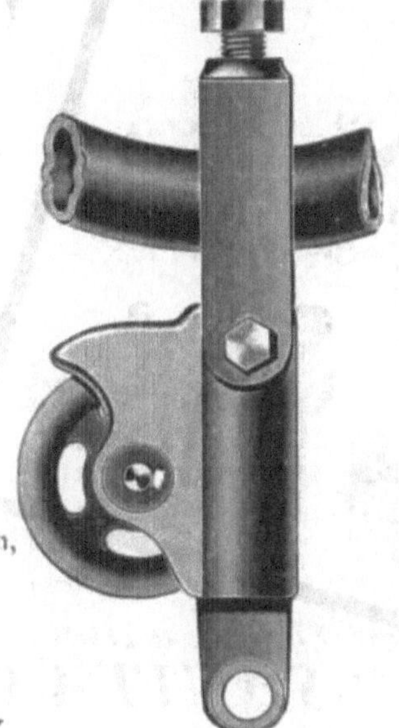

No. 6032.

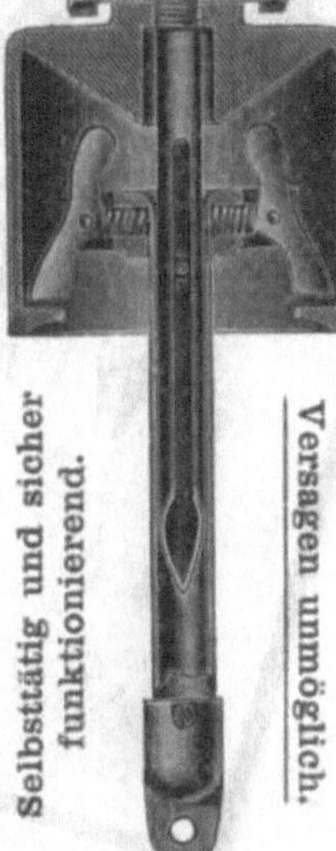

No. 6024.
Drahtseilentlastung.

Preis 60 Mark
Massen-
Verkaufs-
Artikel
für Elektrotechnische
Geschäfte
an Ärzte,
Private und
Friseure.
Tausende
im Gebrauch.
Hohe Rabatte.
Neutrale
Plakate
und ausführliche
Prospekte
zu Propagandazwecken
gratis
zur Behandlung v. Rheumatismus.
zur Haartrocknung.
zur Schönheitspflege.
"FÖN"
Heißluftdusche
zur Tierpflege.
z. Handschuhwäsche.
als Bettwärmer.
zum Anwärmen d. Badewäsche.
zum Kräuseln von Federboas.
zur Tierpflege.
Fabrik:
Elektrizitätsgesellschaft
"SANITAS"
BERLIN, Friedrichstraße Nr. 131 d.

Gesellschaft für Hochdruck - Rohrleitungen
m. b. H., BERLIN O. 27
Fabrikate der Hahnsche Werke Aktiengesellschaft
Berlin, Düsseldorf-Oberbilk, Großenbaum b. Duisburg.
Projektierung und Ausführung kompl. Rohrleitungen
einschließlich allem Zubehör für
Elektrizitätswerke Dampfkraft - Anlagen
industrielle Etablissements jeder Art usw.
für überhitzten Dampf, hohen Druck etc.
Neukonstruktionen bestehender veralteter Hochdruck-Rohrleitungen.
— Sachgemässe Konstruktion! — Feinste Referenzen! — Vorzügliche Ausführung! —

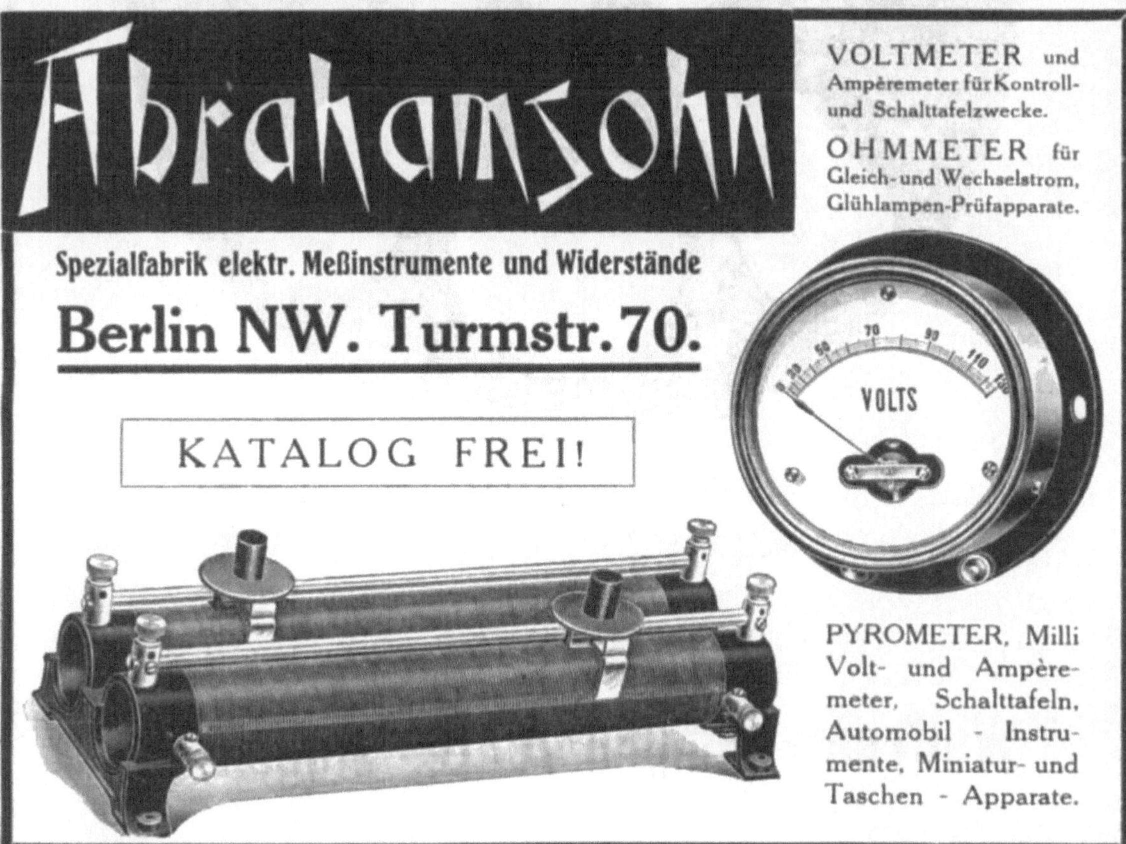

Abrahamsohn
Spezialfabrik elektr. Meßinstrumente und Widerstände
Berlin NW. Turmstr. 70.
KATALOG FREI!
VOLTMETER und Ampèremeter für Kontroll- und Schalttafelzwecke.
OHMMETER für Gleich- und Wechselstrom, Glühlampen-Prüfapparate.
VOLTS
PYROMETER, Milli Volt- und Ampère- meter, Schalttafeln, Automobil - Instru- mente, Miniatur- und Taschen - Apparate.

Nachtrags-Statistik

der

Elektrizitätswerke

in Deutschland

nach dem Stande vom 1. April 1910.

(Ergänzung der Ausgabe vom 1. April 1909.)

Im Auftrage

des Verbandes Deutscher Elektrotechniker, e. V.

herausgegeben von

Georg Dettmar,

Generalsekretär.

Berlin

Verlag von Julius Springer

1910.

ISBN-13: 978-3-642-47151-3   e-ISBN-13: 978-3-642-47444-6
DOI: 10.1007/978-3-642-47444-6

Softcover reprint of the hardcover 1st edition 1910

Inhaltsverzeichnis.

I. Einleitung.

Diese Statistik ist eine Ergänzung der im vorigen Jahre erstmalig vom Verbande Deutscher Elektrotechniker herausgegebenen „Statistik der Elektrizitätswerke in Deutschland". Sie enthält nur diejenigen Werke, welche mir bis jetzt bekannt geworden sind und welche in der vorjährigen Statistik nicht enthalten waren. Es sollten dies also im wesentlichen neue Werke sein, welche in der Zwischenzeit erst gebaut bezw. in Betrieb gekommen sind. Wie sich aber bei einer Durchsicht zeigt, sind eine große Anzahl älterer Werke darunter. Es sind dies solche, deren Existenz mir bei der Herausgabe der vorjährigen Statistik noch nicht bekannt war. Wie ich schon in der Einleitung zur vorjährigen Statistik erwähnt habe, ist damals schon besonderer Wert darauf gelegt worden, die Liste der Werke zu einer möglichst vollständigen zu machen, was ja auch in gewissem Grade gegenüber den früheren Ausgaben der Statistik in der Elektrotechnischen Zeitschrift gelungen war. Es hat sich aber gezeigt, daß doch noch eine beträchtliche Anzahl Werke, zum Teil sogar recht alte Werke, existieren, deren Vorhandensein den früheren Bearbeitern der Statistik entgangen ist. Ich habe nun nach Fertigstellung der letzten Statistik besonderen Wert darauf gelegt, die Vollständigkeit derselben noch weiter zu erhöhen und hierzu weite Kreise herangezogen, wo ich auch im allgemeinen bereitwilligste Unterstützung gefunden habe. Es sei zunächst erwähnt, daß die 21 zum Verbande Deutscher Elektrotechniker gehörigen Vereine es sich haben angelegen sein lassen, die im Vorjahre aufgestellte Liste der Elektrizitätswerke nach Möglichkeit zu ergänzen. Fast in allen Vereinen haben sich eine größere Anzahl Mitglieder gefunden, welche diese vorjährige Zusammenstellung einer Durchsicht daraufhin unterzogen haben, ob sie vollständig ist. In der gleichen Weise habe ich die größeren Firmen, welche mit der großen Zahl ihrer Zweigniederlassungen ganz besonders geeignet sind, gebeten, das Verzeichnis zu vervollständigen. Die Mitarbeit dieser Firmen wurde mir auch in freundlichster Weise überall gewährt. Dadurch war ich in der Lage, die vorliegende Statistik durch eine beträchtliche Zahl von neuen Werken zu bereichern. Außer den Vorgenannten haben noch eine Anzahl einzelner Herren, welche Interesse für die Statistik haben, meiner Bitte um Mitteilung von neuen Adressen und sonstigen Unterlagen entsprochen. Allen diesen Herren, welche bereitwilligst mich bei der Arbeit unterstützt haben, sage ich auch an dieser Stelle nochmals meinen besten Dank.

Die Schwierigkeiten bei der Bearbeitung der Statistik sind leider immer noch sehr große. Es muß daher dem Wunsche Ausdruck gegeben werden, daß hierin in Zukunft noch eine Änderung eintreten wird. Es werden aber auch alle diejenigen, welche Unzutreffendes in der Statistik bemerken, gebeten, hiervon dem Herausgeber Mitteilung zu machen.

Da es oft notwendig wird, auf die früheren Ausgaben der Statistik in der E. T. Z. zurückzugreifen, sei hier ein Verzeichnis angefügt über Jahrgang und Seitenzahl:

Jahrgang der Statistik	Veröffentlicht E. T. Z.			Jahrgang der Statistik	Veröffentlicht E. T. Z.		
	Jahrgang	Seite			Jahrgang	Seite	
		von	bis			von	bis
1895 1. IV.	1895	223	226	1902 1. IV.	1902	1100	1125
1895 1. X.	1896	156	161	1903 „	1903	1051	1078
1897 1. III.	1897	378	390	1904 „	1905	32	63
1898 1. III.	1898	442	460	1905 „	1906	141	188
1899 1. III.	1899	474	487	1906 „	1907	363	422
1900 1. IV.	1900	552	570	1907 „	1908	229	304
1901 1. IV.	1901	720	742				

Berlin, im Juli 1910.

Georg Dettmar.

II. Erläuterungen zur Statistik.

Die in der Statistik benutzten Abkürzungen, Zeichen usw. sind in der Rubrik III besonders zusammengestellt, sodaß man dort leicht jede Aufklärung finden wird.

Der Hauptteil der Statistik ist im Abschnitt A enthalten, in welchem die am 1. April 1910 im Betriebe befindlichen Werke aufgezählt sind. Unter Elektrizitätswerken im Sinne dieser Statistik sind wie bisher nur solche Stromerzeugungsanlagen verstanden, welche unter Benutzung öffentlicher Straßen und Wege zur Verlegung der Leitungen entweder ganze Ortschaften oder größere Teile derselben mit elektrischem Strom für Licht- und Kraftzwecke versorgen oder anderen öffentlichen Zwecken dienen. Blockstationen und Einzelanlagen sind daher in die Zusammenstellung nur dann aufgenommen worden, wenn sie gleichzeitig die öffentliche Beleuchtung in demselben oder in einem benachbarten Orte speisen oder unter Benutzung von Straßenland Strom an Private oder an die Öffentlichkeit abgeben.

Bezüglich der Abgrenzung derjenigen Werke, welche den Strom selbst erzeugen, von denjenigen, welche denselben von anderen Erzeugungsstellen aus beziehen, ist es bei der bisherigen Gewohnheit belassen worden. Als maßgebend hierfür wurde betrachtet, ob der Weiterverkauf durch eine besondere Verwaltung geschah. In diesem Falle sind die Zwischenverkaufsstellen als besondere Werke registriert worden.

Auch bezüglich der Fabrikzentralen, Zentralen von Hüttenwerken, Kohlenzechen, welche im wesentlichen der Deckung des eigenen Bedarfes dienen und nur zum Teil in verhältnismäßig geringen Mengen elektrische Energie an Abnehmer verkaufen, ist es bei der bisherigen Gewohnheit geblieben, diese dann als Elektrizitätswerke mit aufzunehmen, wenn sie öffentliche Straßen für die Verteilung in Anspruch nehmen.

In solchen Orten, in denen sich mehrere Stromerzeugungsstellen desselben Besitzers befinden, die auf ein ganz oder teilweise gemeinschaftliches Netz arbeiten, ist nur die Summe aller Stromerzeugungsstellen angegeben worden entgegen dem früheren Gebrauch, bei welchem die einzelnen getrennten Erzeugungsstellen besonders aufgeführt waren; da nach außen hin es ganz gleichgültig ist, von welcher Stromerzeugungsstelle aus die Speisung des Netzes geschieht, wurde die jetzige Art der Aufzählung für richtiger gehalten.

Bei den Angaben betreffend das Leitungsnetz war dem Fragebogen die Erklärung zugefügt worden, daß bei gemischtem Leitungsnetz stets derjenige Buchstabe zuerst zu setzen ist, der über den größten Teil des Netzes Angaben macht. Es bedeutet also O K, daß der wesentlichste Teil Oberleitung und nur ein kleiner Teil Kabel ist, K O das umgekehrte. Des weiteren war im Fragebogen darauf hingewiesen, das kurze Kabelstrecken, wie sie bei Bahnkreuzungen und ähnlichem Verwendung finden, hier vernachlässigt werden können.

In der Rubrik „Betriebskraft" wurde hier eine Zusammenfassung aller „Verbrennungs"-Motoren vorgenommen. Hierzu gehören ja auch die Dieselmotoren und es wurden auch diese in die Rubrik einbezogen. Da nun aber der Ausdruck „Verbrennungs"-Motoren in den Kreisen der kleinen Betriebsleiter zu Verwechselungen hätte Anlaß geben können, so wurde der mehr bekannte Ausdruck „Explosionsmotoren" gewählt, wohlwissend, daß dieser Ausdruck auf Dieselmotoren nicht zutreffend ist. Diese kleine Ungenauigkeit glaubte der Herausgeber im Interesse der Vermeidung von Irrtümern begehen zu dürfen. Dort, wo als Betriebskraft Umformer oder Transformatoren angegeben sind, hat das Werk keine eigene

Stromerzeugung. Es ist also dadurch leicht möglich, diese Werke herauszufinden, sodaß auf die in der früheren Statistik durchgeführte besondere Bezeichnung dieser Werke jetzt verzichtet werden konnte.

Bei der Rubrik betreffend Maschinenleistung war zur Vermeidung von Mißverständnissen auf dem Fragebogen ausdrücklich darauf hingewiesen worden, daß die Leistung von Umformern nur dann in die Maschinenleistung des Werkes einzurechnen ist, wenn sie in der dazugehörigen eigenen Primärstation noch nicht eingerechnet sind. Dagegen ist die Umformerleistung in der Rubrik Maschinenleistung mit aufgeführt, wenn das Werk von einer fremden Erzeugerstation aus mit Strom versorgt wird. In diesem Falle muß aber in der Rubrik Betriebskraft der Buchstabe U vorhanden sein.

Bei der Angabe über das Anlagekapital war dem Fragebogen folgende Erklärung hinzugefügt worden: „Anlagekapital einschließlich Erweiterungen und Wert der Grundstücke ohne Berücksichtigung der Abschreibungen“. Hierdurch sollte eine größere Einheitlichkeit in der Ausfüllung der Rubrik erzielt werden.

Die Abschnitte D und E enthalten die Angaben über sämtliche bestehende Werke bezw. versorgte Orte, d. h. also auch die in der vorjährigen Ausgabe enthalten gewesenen.

Der Abschnitt D verdankt sein Entstehen einer aus dem Kreise der Mitglieder des Verbandes gekommenen Anregung. Es war nämlich der Wunsch ausgesprochen worden, der Statistik eine Karte der Elektrizitätswerke beizugeben, ähnlich wie dies der Schweizerische Elektrotechnische Verein, einem Vorschlage des Herrn Prof. Dr. Wyßling entsprechend, eingeführt hat. Es wurden umfangreiche Vorarbeiten unternommen, um festzustellen, ob es möglich ist, in übersichtlicher Weise in Deutschland diese Einrichtung zu verwirklichen. Die wesentlich größere Ausdehnung Deutschlands und die große Zahl der Werke hatte zur Folge, daß eine solche Karte ganz außerordentlich hohe Kosten verursacht haben würde. Der Herausgeber ist daher der Ansicht, daß der Preis der Statistik durch die Beifügung dieser Karte so wesentlich erhöht werden würde, daß die Ausführung dieser Karte nicht ratsam erscheint. Er sann daher auf einen billigeren Ersatz, der in der Anordnung des Abschnittes D gefunden wurde. Dieser Abschnitt ermöglicht Geschäftsleuten bei Ausführung von Reisen, Abgabe von Offerten usw., festzustellen, welche Werke in einer bestimmten Gegend vorhanden sind. Als Grundlage für die politische Einteilung Deutschlands wurde diejenige genommen, welche das Kaiserliche Statistische Amt für die Volkszählung benutzt. Die Unterteilung in Regierungsbezirke, Kreishauptmannschaften, Fürstentümer, Herzogtümer usw. wurde möglichst weit getrieben. Innerhalb dieses Gebietes sind die Orte wiederum alphabetisch geordnet worden. Wenn man dann unter den einzelnen Orten noch die angegebenen versorgten Orte aufschlägt, so hat man sofort alle Orte eines Gebietes, in welchen Elektrizität verteilt wird.

Die Rubrik E, welche die versorgten Orte enthält, ist ganz wesentlich an Umfang gewachsen. Dies ist einesteils darauf zurückzuführen, daß die Entwicklung der Überlandzentralen so mächtig eingesetzt hat. Andererseits ist zu berücksichtigen, daß viele bestehende Werke dazu übergegangen sind, benachbarte Orte mit in das Gebiet ihrer Versorgung einzubeziehen. Ein dritter Punkt ist die wesentlich gründlichere Bearbeitung der Statistik, besonders die Tatsache, daß in dem Fragebogen ein ausdrücklicher Hinweis über die versorgten Orte aufgenommen war.

Die letzte Rubrik enthält eine Zusammenstellung der Ergebnisse der Statistik, und zwar bringt dieselbe die wichtigsten Daten allgemeiner Bedeutung.

III. Zeichenerklärung.

O = Oberirdisches Leitungsnetz (Oberleitung)
K = Unterirdisches Leitungsnetz (Kabel)
OK bezw. KO = gemischtes Leitungsnetz und zwar je nachdem, ob Oberleitung oder Kabel,
    überwiegt.

Stromart:

Gl   = Gleichstrom
GlA = Gleichstrom mit Akkumulatoren
W   = Wechselstrom
Dr = Drehstrom
2-L, 3-L, 4-L bezw. 5-L, = Zwei-, Drei-, Vier- bezw. Fünf-Leiter.

Betriebskraft:

D = Dampf
W = Wasser
U = Umformer
T = Transformatoren
E = Explosionsmotoren, darunter sind eingerechnet: alle Arten von Gas-, Benzin-, Spiritus-,
    Petroleum- und Dieselmotoren.

OSRAM
LAMPE

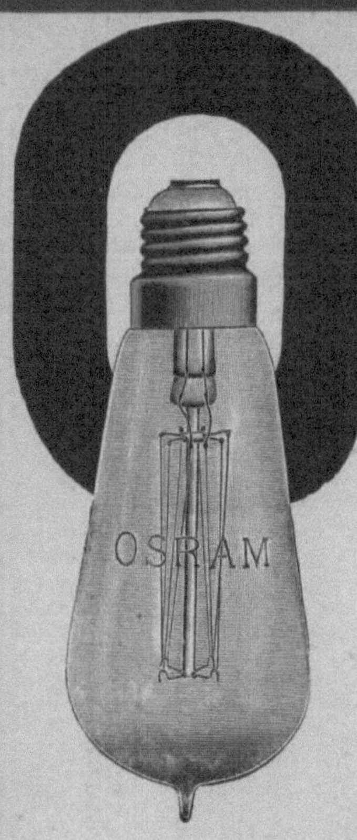

Osram-Lampe

Bestbewährte Metall-fadenlampe für jede gebräuchliche Spannung 16 bis 75 HK

INTENSIV-
Osram-Lampen
für 100 bis 1000 HK

Zweckmäßigster Ersatz für Bogenlampen

Außen- und Innenarmaturen
Transparentlaternen
Indirekte Beleuchtung

Man verlange Prospekte

Auergesellschaft
BERLIN O. 17

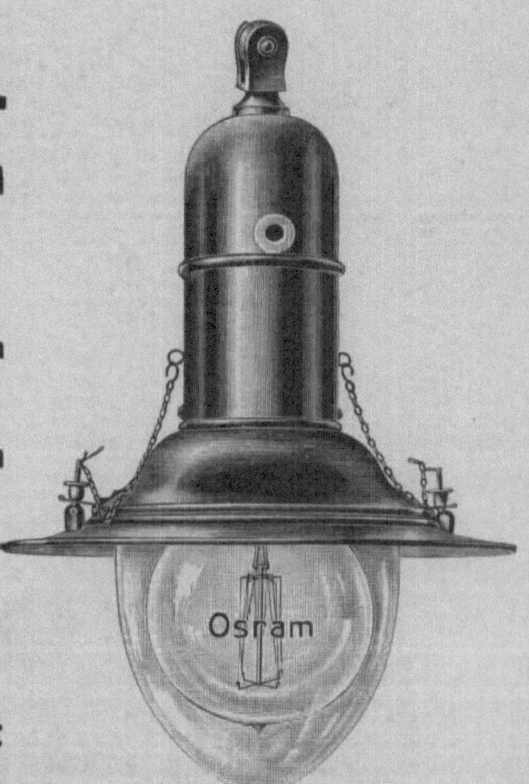

A.

Am 1. April 1910 in Betrieb befindliche

Elektrizitätswerke,

welche in der Ausgabe 1909 nicht enthalten waren.

Name und Postadresse des Ortes. Eigentümer des Elektrizitätswerkes	Ist ein Gaswerk vorhanden?	Leitungsnetz	Stromart und Frequenz	Betriebskraft (Reserve in Klammern)	Anzahl der Betriebsjahre	Einwohnerzahl des Ortes bezw. der versorgten Orte	Angeschlossene Zähler für		Normale Maschinenleistung einschließl. Reserve in KW	Normale Akkumulatorenleistung einschließl. Reserve in KW	Maximale Belastung in KW
							Licht	Kraft			
A											
Achterwehr, Kreis Bordesholm, Schleswig-Holstein, Licht- und Kraftgenossenschaft	nein	O	GlA	E	1	272	9	5	15	5	—
Aichstetten, O.-A. Leutkirch, Württbg., Eingetr. Gen. m. b. H.	nein	O	GlA 2-L	W	2	830	40	25	8,5	8,5	17
Albisheim a. Pfr., Rheinpfalz . . . . . Heinrich Janson	nein	O	GlA 2-L	W (D)	7	1 200	40	9	22	—	—
Alf a. Mosel, Reg.-Bez. Coblenz, . . Philipp Jackel	nein	O	GlA 2-L	W (D)	8	1700	50	5	6,6	8	6
Allenburg, Ostpreußen, A. Schirrmacher	—	O	Gl 2-L	—	—	1800	—	—	—	—	—
Alt Heide, Kr. Glatz, Badeverwaltung	nein	OK	GlA 2-L	D	5	1000	60	8	300	100	200
Altkloster, Kr. Bomst, Reg.-Bez. Posen, Landw. Brennerei, G. m. b. H.	nein	O	GlA 2-L	D	1	1900	·70	5	12,5	12	—
Alt-Öls, Post Ober-Leschen, Reg.-Bez. Liegnitz, Arthur Elsner, Rittergutsbesitzer	nein	O	W 50	W	1	—	5	4	400	—	—
Angelsbruck, Post Fraunberg . . . . . b. München, Vitus Maier.	—	—	GlA 2-L	—	4	—	—	11	24	18	—
Arolsen, Fürstt. Waldeck, Fürstl. E.-W.	ja	—	GlA 3-L	—	12	2800	6	—	52,8	—	50
Arsten b. Bremen, Joh. D. Schulenberg	nein	O	GlA 2-L	E	1	1500	34	1	20	10	6
Aumühle b. Nördlingen i. Bayern . . . Friedrich Herrmann	nein	O	GlA 3-L	W (E)	1	1 000	10	—	20	10	12
B											
Baienfurt, O.-A. Ravensburg, Württbg, Staelinsche Kunst- u. Sägemühle	—	O	GlA 2-L	W (D)	5	1500	30	11	45	10	45
Balderatsried, Ant. Atterer, **Markt Oberdorf in Schwaben**	nein	O	Dr	D	3	1 600	10	3	120	—	36
Bayreuth, städt. E.-W.	ja	K	GlA 3-L	D	1	35 000	641	40	566	145	—
Bayrische Ueberlandzentrale A.-G. in Haidhof (Oberpfalz) siehe **Haidhof.**											
Bertrich, Reg.-Bez. Coblenz, Badeverwaltung	—	—	GlA 3-L	D u. E	8	600	66	2	64	24	—
Berg, Post Rewensburg i. Württbg., . . Ziegelei F. Eyrich	nein	O	Gl 2-L	W (D)	3	100	3	1	55	—	—
Bernau am Chiemsee, Joh. Lohr . . .	—	—	—	—	—	750	—	—	—	—	—
Biedesheim, Rheinpfalz, Landw. Spiritusbrennerei Biedesheim, G. m. b. H.	nein	O	GlA 3-L	D (D)	1	560	52	1	20	7,9	15
Birnbaum-Meseritz-Schwerin Überland-Zentrale e. Gen. m. b. H. siehe **Schwerin.**											
Bodenburg i. Braunschweig, Genossenschaft m. b. H.	nein	O	Gl 2-L	D	2	1 800	78	19	—	—	—
Bohlschau b. Danzig, Rittergutsbesitzer Erich Woltz	—	—	—	—	—	—	—	—	—	—	—

| Angeschlossene | | | | | | | Gesamter Anschlußwert in KW | Abgegebene KWStd. in Einh. von 1000 | Gesamtes Anlagekapital in Einh. von 1000 Mk. | Spannung, versorgte Orte, besonderer Charakter des Ortes bezw. der versorgten Orte, Nebenbetriebe und sonstige Bemerkungen |
| Glühlampen | | Bogenlampen | | Elektromotoren ausschließl. Bahnmotoren in KW | Bahnmotoren in KW | Koch- u. Heizapparate, Lichtbäder, Bügeleisen u. ähnl. in KW | | | | |
Anzahl	in KW	Anzahl	in KW							
130	—	—	—	—	—	—	—	—	20	
500	15	—	—	45	—	2	62	10	20	220 V. Landwirtschaftliche Betriebe. Versorgt Rieden, Gemeinde Aitrach.
700	—	—	—	18	—	—	—	—	24	220 V. E.-W. ist Nebenbetrieb, Landwirtschaft ist Hauptbetrieb.
1 200	—	2	—	—	—	—	—	—	50	110 V. Sommerfrische. Nebenbetr. Holzsägewerk.
—	—	—	—	—	—	—	—	—	—	220 V. Nebenbetr. Mühle.
2 000	150	60	50	46,8	—	4,5	251,3	—	300	230 V. Bade- und Kurort.
350	—	—	—	—	—	—	—	—	20	220 V.
100	—	—	—	—	—	—	—	—	500	10500 V. Gl. 550/220 V. Versorgt Dominium Buchwald, Dominium Cosel u. Papierfabrik Ober-Leschen.
250	—	—	—	—	—	—	—	—	18	220 V. Versorgt Hatting, Pillkofen, Reichenkirchen.
1 600	80	—	—	—	—	—	80	40	70	2×110 V.
500	—	—	—	5	—	—	—	—	16	220 V. Landwirtschaft. Hauptbetrieb Stellmacherei und Tischlerei, Mühle.
200	8	—	—	35	—	—	43	—	35	2×220 V. Landwirtschaft. Nebenbetr. Mühle. Versorgt Löpsingen b. Nördlingen.
500	—	2	2	35	—	—	—	—	—	220 V. Hauptbetrieb Mühle, Sägemühle und Holzschleiferei.
900	—	—	—	81	—	—	—	—	11	3300/150 V. Nebenbetr. Holzwollfabrik. Versorgt 4 Ortschaften.
9 000	455	105	40	110	—	3	608	—	650	2×220 V. Textilgroßindustrie, große Ziegeleien und Brauereien. Wagnerfestspielstadt.
1 224	60	4	—	—	—	—	—	—	80	2×110 V. Bade- und Kurort.
100	—	1	—	61	—	—	—	—	80	110 V. Landwirtschaft. Nebenbetr. Ziegelei u. Landwirtschaft.
—	—	—	—	—	—	—	—	—	—	
600	—	1	0,4	7	—	—	—	—	30	2×110 V. Landwirtschaft. Hauptbetrieb Brennerei. Nebenbetr. Elektrizitätswerk.
1 200	—	—	—	—	—	—	—	—	50	120 V. Nebenbetriebe vorhanden.
—	—	—	—	—	—	—	—	—	—	Versorgt Kamlau, Platenrode, Gorn.

Name und Postadresse des Ortes. Eigentümer des Elektrizitätswerkes	Ist ein Gaswerk vorhanden?	Leitungsnetz	Stromart und Frequenz	Betriebskraft (Reserve in Klammern)	Anzahl der Betriebsjahre	Einwohnerzahl des Ortes bezw. der versorgten Orte	Angeschlossene Zähler für		Normale Maschinenleistung einschließl. Reserve in KW	Normale Akkumulatorenleistung einschließl. Reserve in KW	Maximale Belastung in KW
							Licht	Kraft			
Bramstedt, Bez. Bremen, e. Gen. m. u. H.	nein	O	GlA 2-L	E	1	400	38	5	22,5	—	—
Bruckberg b. Ansbach (Bay.), e. Gen. m. b. H.	—	—	—	W	2	—	—	—	16	—	—
Brunshaupten, Mecklenbg., Erstes Brunshauptener E. W., G. m. b. H.	—	O	Gl	—	—	1200	—	—	25	—	—
Brüssow Uckerm., Kr. Prenzlau ... Waldemar Lauterbach, Ingenieur	—	O	GlA 2-L	—	7	1500	46	6	32	6	—
Buk, Reg.-Bez. Posen, Baumeister Carl Ritter	nein	O	GlA 2-L	D	14	3672	59	1	20	10	13,2
Bündheim, Herzogt. Braunschweig, E.-W., G. m. b. H.	—	O	GlA 2-L	D	7	3000	70	10	28	12	20
Bunzlau, Reg.-Bez. Liegnitz, ... städt. E.-W.	ja	KO	Dr 3-L 50	T	1	16 000	220	30	240	—	—
Büren, Westfalen, städt. E.-W.	nein	O	Gl 3-L	W (D)	2	3200	161	18	115	32	38
Burgrieden, O.-A. Laupheim (Württbg), Appretur Burgrieden, Walter Steiger & Cie.	nein	O	Dr	W (E)	—	650	12	1	80	—	—
Bürgstadt, Unterfranken, Karl Brümmer	nein	O	GlA 2-L	E (W)	4	1 900	54	33	—	—	—
Burhave i. Oldenburg, Burhaver Molkerei-Gen., e. Gen. m. u. H.	nein	O	Gl 2-L	D	4	750	67	2	—	—	—

C

Name und Postadresse des Ortes. Eigentümer des Elektrizitätswerkes	Ist ein Gaswerk vorhanden?	Leitungsnetz	Stromart und Frequenz	Betriebskraft (Reserve in Klammern)	Anzahl der Betriebsjahre	Einwohnerzahl des Ortes bezw. der versorgten Orte	Licht	Kraft	Normale Maschinenleistung einschließl. Reserve in KW	Normale Akkumulatorenleistung einschließl. Reserve in KW	Maximale Belastung in KW
Calw, Gemeindeverband für den Bezirk Calw, Sitz in Neubulach, siehe **Neubulach.**											
Chamerau, Niederbayern, Bez.-A. Kötzling, Franz Speckner	nein	O	GlA 2-L	W	7	600	—	—	9	—	—

D

Name und Postadresse des Ortes. Eigentümer des Elektrizitätswerkes	Ist ein Gaswerk vorhanden?	Leitungsnetz	Stromart und Frequenz	Betriebskraft (Reserve in Klammern)	Anzahl der Betriebsjahre	Einwohnerzahl des Ortes bezw. der versorgten Orte	Licht	Kraft	Normale Maschinenleistung einschließl. Reserve in KW	Normale Akkumulatorenleistung einschließl. Reserve in KW	Maximale Belastung in KW
Dallwitz b. Hoppegarten	—	—	W	—	—	—	—	—	—	—	—
Daun i. Eifel, Oberingenieur Carl Helmrath, Coblenz	nein	O	GlA 2-L	W (D)	2	1 400	110	6	30	16	21
Dehrn a. d. Lahn, Kr. Limburg, Reg.-Bez. Wiesbaden, Jakob Wilh. Burggraf	nein	O	GlA 2-L	E	1	1 100	120	5	18	6	9
Depenau b. Wonkendorf i. Holstein, .. Reg.-Bez. Schleswig, Geh. Kommerzienrat R. Hammerschmidt	nein	O	Dr 3-L	D W	5	—	—	—	30	—	—
Diesdorf, Kr. Salzwedel, Altmark, e. Gen. m. H.	nein	O	GlA 3-L	D	1	1 000	110	18	49	20	—
Dietharz, Post Tambach, Herzogthum Gotha, Gemeinde-E.-W.	nein	O	GlA 2-L	W (D)	9	1 000	50	3	15	12,2	22
Dietlingen, Baden, Gustav Freivogel, Kettenfabrikant	—	O	—	D	—	2 000	—	—	15	—	—
Donauwörth, Bayern, Buchhandlung Ludwig Auer	ja	OK	GlA 2-L	D (E)	2	5 000	6	1	150	1	130

| Angeschlossene | | | | | | | Gesamter Anschlußwert in KW | Abgegebene KWStd. in Einh. von 1000 | Gesamtes Anlagekapital in Einh. von 1000 Mk. | Spannung, versorgte Orte, besonderer Charakter des Ortes bezw. der versorgten Orte, Nebenbetriebe und sonstige Bemerkungen |
| Glühlampen | | Bogenlampen | | Elektromotoren ausschließl. Bahnmotoren in KW | Bahnmotoren in KW | Koch- u. Heizapparate, Lichtbäder, Bügeleisen u. ähnl. in KW | | | | |
Anzahl	in KW	Anzahl	in KW							
400	—	—	—	30	—	—	—	3	30	110 V. Landwirtschaft.
80	—	—	—	—	—	—	—	—	—	220 V. Landwirtschaft.
—	—	—	—	—	—	—	—	—	—	
600	—	2	—	26	—	—	—	13	50	220 V. Mühle.
1 650	—	4	—	2,3	—	—	—	—	—	110 V. Hauptbetrieb Sägewerk.
1 500	—	—	—	16,5	—	—	—	16	32	2×110 V.
2 500	140	5	9	63	—	—	212	—	—	220 V. 380 V. Töpfereien, Tonrohrfabriken, Sandsteinindustrie, Eisengießereien, Glashütten, Kleinindustrie, Landwirtschaft.
2 423	121	2	1,3	58,9	—	5,5	186,7	32,84	—	2×220 V. Kreisstadt.
200	—	—	—	45	—	—	—	—	—	3×220/125 V. Elektrizitätswerk Nebenbetr.
870	43	—	—	58,3	—	2,7	104	9	44	110 V. Landwirtschaft.
700	30	12	—	7	—	—	—	11	22,5	220 V. Großes Dorf.
100	—	—	—	—	—	—	—	—	3	110 V. Mühle und Sägewerk.
—	—	—	—	—	—	—	—	—	—	65 V.
1 100	40	—	—	15	—	—	55	25	75	220 V. Kreisstädtchen mit Sommerfrische.
750	—	—	—	—	—	—	—	—	24	220 V. Industrieort. Nebenbetr. Schmiederei.
220	—	—	—	50	—	—	—	—	—	220 V.
1 000	25	8	3,5	71	—	7,7	107,2	—	27,8	2×110 V. Landw. u. Gewerbebetr. Nebenbetr. Sägewerk.
1 100	50	4	2	12	—	3	67	14,8	29,5	220 V.
—	—	—	—	—	—	—	—	—	—	110 V.
1 300	80	24	—	130,5	—	10	220,5	—	100	110 V. 550 V. Groß- und Kleinindustrie. Landwirtschaft. Nebenbetr. Buchdruckerei und Buchbinderei.

Name und Postadresse des Ortes. Eigentümer des Elektrizitätswerkes	Ist ein Gaswerk vorhanden?	Leitungsnetz	Stromart und Frequenz	Betriebskraft (Reserve in Klammern)	Anzahl der Betriebsjahre	Einwohnerzahl des Ortes bezw. der versorgten Orte	Angeschlossene Zähler für		Normale Maschinenleistung einschließl. Reserve in KW	Normale Akkumulatorenleistung einschließl. Reserve in KW	Maximale Belastung in KW
							Licht	Kraft			
Dorfen, Ob.-Bayern, G. m. b. H.	nein	O	GlA 2-L	E	5	2 400	70	10	27	—	—
Duttweiler, Pfalz, Reg.-Bez. Speyer, Carl Günther, Ingenieur in Neustadt-Haardt	nein	O	W 50	T	3	3 300	125	4	—	—	—
E											
Ebeleben, Schwarzburg - Sondershausen, Franz Kirchner	nein	—	GlA 2-L	W D	1	1 800	56	3	30	8	—
Eberswalde, Märkisches Elektrizitätswerk, A.-G.	ja	OK	Dr 50	D	1	—	—	—	7 200	—	—
Ehingen, Bahnst. Nordendorf, Schwaben, A.-G.	nein	O	GlA 3-L	E	1	2 000	62	6	26	50	—
Eilenburg, Prov. Sachsen, städt. E.-W.	ja	OK	Dr GlA 3-L 50	T	—	17 000	—	—	360	170	—
Einbeck, Hannover, städt. E.-W. . . .	ja	OK	GlA 3-L	D	1	9 000	300	45	160	40	70
Eisdorf, Kr. Osterode a. Harz, Georg Peinemann	nein	—	GlA 2-L	W	5	815	30	—	14	8	14
Elpersheim, Post Elpersheim, Ob.-Amt Mergentheim, Johann Geuder	nein	O	GlA 2-L	W (E)	1	800	40	—	17	3,3	8
Emden, Ostfrsld., Fisk. Hafen-E.-W. .	ja	OK	Gl 3-L	D U	11	18 000	22	18	1 400	118	850
Erlangen, Überlandzentrale Thalermühle, C. Dennerlein	ja	O	Dr 50	W (D)	1	15 000	400	100	200	—	—
Ersingen, Post Oberdischingen, Ob.-Amt Ehingen, Württ., Josef Schaich	nein	O	Dr 3-L	W (D)	8	1 300	25	20	112	—	85
Eslohe, Bez. Dortmund	nein	O	GlA 2-L	W (D)	3	800	60	—	13	35	12,5
Essen, Post Bohmte, Kr. Wittlage, Reg.-Bez. Osnabrück, Fr. Warnsmann	nein	O	GlA 2-L	E	2	1 000	53	3	13	—	—
Exing, Post Aufhausen b. Landau a. Isar, Niederbayern, Kreishauptst. Landshut, Ant. Schachtner, Kunstmühle	nein	O	G 2-L	W	11	350	—	—	5,2	—	—
F											
Feuchtwangen, Mittelfranken . . . . . städt. E.-W.	nein	O	GlA 2-L	E	1	2 428	188	20	30	16	—
Freden a. Leine, Gewerkschaft Hohenzollern	nein	O	Dr 50	D	4	1 800	27	13	—	—	—
Freienwalde, Pomm., Reg.-Bez. Stettin, Emil Streitz	nein	O	GlA	W D	6	2 800	55	10	20	—	35
Freudenberg, Kr. Siegen, Rgbez. Arnsberg, G. m. b. H.	nein	O	GlA 3-L	E	7	2 500	120	15	350	300	—

| Angeschlossene | | | | | | | Gesamter Anschlußwert in KW | Abgegebene KWStd. in Einh. von 1000 | Gesamtes Anlagekapital in Einh. von 1000 Mk. | Spannung, versorgte Orte, besonderer Charakter des Ortes bezw. der versorgten Orte, Nebenbetriebe und sonstige Bemerkungen |
| Glühlampen | | Bogenlampen | | Elektromotoren ausschließl. Bahnmotoren in KW | Bahnmotoren in KW | Koch- u. Heizapparate, Lichtbäder, Bügeleisen u. ähnl. in KW | | | | |
Anzahl	in KW	Anzahl	in KW							
1 200	—	8	6	10	—	—	—	16	64	220 V.
1 300	50	—	—	35	—	4	89	25,7	60	220 V. Landwirtschaft. Versorgt Altdorf, Böbingen, Freimersheim, Lachen.
1 000	—	—	—	—	—	—	—	—	30	220 V. Nebenbetr. Müllerei.
—	—	—	—	—	—	—	—	—	—	3×125/215/525 V. Industrie u. Landwirtschaft. *
700	25	—	—	45	—	—	70	5	80	2×220 V. Landwirtschaft. An das Werk sind angeschlossen die Gemeinden Allmenshofen, Ehingen Nordendorf, Ortelfingen und Schloß Holzen.
—	—	—	—	—	—	—	—	—	200	2×220 V. Gleich- und 3×220 V. Drehstrom.
3 000	—	20	10	100	—	5	—	—	250	2×110 V. 220 V. Nebenbetr. Installationen.
400	8	1	0,5	—	—	—	8	—	12	220 V. Landwirtschaft.
280	—	—	—	—	—	—	—	—	23	220 V. Landwirtschaft. Hauptbetrieb Müllerei.
1 800	100	40	44	1 900	200	—	344	1 868	—	2×220 V. 500 V. Kraft.
4 000	180	—	—	—	—	—	240	—	360	5000/210/120 V. Landwirtschaft. Versorgt ca 24, später 80—100 Orte.
600	30	—	—	—	—	—	—	300	110	3/3000/220/115 V. Landwirtsch. Betriebe vorherrschend, Brauerei. Nebenbetr. Getreidemühle. Versorgt Oberdischingen. Vorgesehen sind noch die Ortschaften Bingingen, Donaurieden und Erbach.
700	—	—	—	—	—	—	—	7	22	220 V. Landwirtschaft. Versorgt Niedereslohe.
1 055	—	—	—	—	—	—	—	12,5	25	220 V. Badeort.
70	4	—	—	—	—	—	—	—	3	120 V. Hauptbetrieb Mühle und Sägewerk.
1 500	—	1	—	31,5	—	—	—	—	110	110 V.
640	26	—	—	63	—	—	89	—	—	220 V. Landwirtschaft. Hauptbetrieb ist Kalibergwerk und Chemische Fabriken.
—	—	—	—	—	—	—	—	—	—	
3 000	—	4	—	—	—	—	—	—	—	2×220 V.

*) Versorgt die Städte Eberswalde, Falkenberg, Freienwalde, ferner: Heegermühle, Alt-Kietz, Marienwerder, Schöpfurth, Steinfurth, Alt-Tornow, Wolfswinkel, Zerpenschleuse. Im Bau befinden sich folgende Ortschaften: Altenhof, Bralitz, Britz, Golzow, Hammer, Hohenfinow, Jagdschloß Hubertusstock, Klandorf, Klosterfelde, Krewellin, Lanke, Lichterfelde, Liepe, Neuenhagen, Niederfinow, Prenden, Ruhlsdorf, Schmachtenhagen, Groß-Schönebeck, Stolzenhagen, Wensickendorf, das Ziegeleigebiet der Stadt Zehdenick, Zehlendorf (Kreis Niederbarnim), Zühlsdorf.

Name und Postadresse des Ortes. Eigentümer des Elektrizitätswerkes	Ist ein Gaswerk vorhanden?	Leitungsnetz	Stromart und Frequenz	Betriebskraft (Reserve in Klammern)	Anzahl der Betriebsjahre	Einwohnerzahl des Ortes bezw. der versorgten Orte	Angeschlossene Zähler für		Normale Maschinenleistung einschließl. Reserve in KW	Normale Akkumulatorenleistung einschließl. Reserve in KW	Maximale Belastung in KW
							Licht	Kraft			
Friedenshütte b. Morgenroth Obschl., Ober-schlesische Eisenbahnbedarfs-Akt.-Ges.	nein	OK	Dr 50	E	4	12 000	222	—	—	—	—
Fürstenzell, Oberbayern, ... F. X. Wieninger	—	—	Gl 2-L	D	—	1 500	—	—	—	—	—

G

Name und Postadresse des Ortes. Eigentümer des Elektrizitätswerkes	Ist ein Gaswerk vorhanden?	Leitungsnetz	Stromart und Frequenz	Betriebskraft (Reserve in Klammern)	Anzahl der Betriebsjahre	Einwohnerzahl des Ortes bezw. der versorgten Orte	Licht	Kraft	Normale Maschinenleistung einschließl. Reserve in KW	Normale Akkumulatorenleistung einschließl. Reserve in KW	Maximale Belastung in KW
Gangkofen in Niederbayern . . . . . . Otto Starzner, Elektrizitäts- und Sägewerk	nein	O	Gl A 2-L	E	4	1 300	50	—	20	12	13
Gardelegen, Reg.- Bez. Magdeburg, Altmärkische Überland-Zentrale, e. Gen. m. beschr H.	ja	O	Dr	D	—	—	—	—	—	—	—
Gaubüttelbrunn i. Unterfranken . . . . Raiffeisenverein in Bern	—	—	—	—	—	—	—	—	—	—	—
Gerbstedt, Reg.-Bez. Merseburg. . . El.-Gen. m. b. H.	nein	O	Dr	—	1	6 200	125	10	—	—	—
Gerswalde, Uckermark, Gerswalder Dampfmühle	nein	OK	Gl A	D	7	1 100	33	6	—	16	—
Goldbach b. Aschaffenburg . . . . . . E.-W.Goldbach-Hösbach,G.m.b.H. Cassel	—	O	Gl A 3-L	E	1	2 000	—	—	80	24	—
Gombeth b. Borken, Reg.-Bez. Cassel . F. Hausmann	nein	O	Dr 50	W (D)	4	1 400	88		100	—	35
Goslar a. H., städt. E.-W.	ja	K	Gl A 3-L	T U (E)	1	18 262	300	—	200	160	50
Greding, Mittelfranken (Bayern) . . . . Darlehns-Kassenverein	nein	O	Gl A 2-L	W (D)	11	1 080	54	1	7	3,5	8
Großenhain i. Sachsen, städt. E.-W. .	ja	OK	Gl A 3-L	E	1	12 500	285	60	160	32	65
Günzach, Schwaben . . . . Franz Bauer	nein	O	Gl A 2-L	W (E)	2	—	11	2	18	—	—
Gütersloh, Reg.-Bez. Minden, Conrad Th. Müller, Elektrotechniker	ja	O	Gl A 2-L	W (E)	6	—	30	4	11	10	12

H

Name und Postadresse des Ortes. Eigentümer des Elektrizitätswerkes	Ist ein Gaswerk vorhanden?	Leitungsnetz	Stromart und Frequenz	Betriebskraft (Reserve in Klammern)	Anzahl der Betriebsjahre	Einwohnerzahl des Ortes bezw. der versorgten Orte	Licht	Kraft	Normale Maschinenleistung einschließl. Reserve in KW	Normale Akkumulatorenleistung einschließl. Reserve in KW	Maximale Belastung in KW
Hagen, Bz. Osnabrück . . . . E.-W. G. m. b. H.	nein	O	Gl	E	1	1 200	24	2	25	—	—
Haidhof i. Oberpfalz, Bayerische Über-landzentrale A.-G., Regensburg	nein	O	Dr 50	D	—	—	—	—	2 500	—	—
Haimhausen i. Bayern, Frau v. Haniel	—	—	—	—	—	900	—	—	—	—	—
Haltingen i. Baden, Elektra Mark-gräflerland G. m. b. H.	—	O	Dr 50	T	4	—	147		400	—	372
Hammerau, Bez.-A Lausen, Fürstl. Hohenz. Hüttenverwaltung	nein	—	Gl 2-L	W	6	1 800	—	—	7,5	—	—

| Angeschlossene | | | | | | | Gesamter Anschlußwert in KW | Abgegebene KWStd. in Einh. von 1000 | Gesamtes Anlagekapital in Einh. von 1000 Mk. | Spannung, versorgte Orte, besonderer Charakter des Ortes bezw. der versorgten Orte, Nebenbetriebe und sonstige Bemerkungen |
| Glühlampen | | Bogenlampen | | Elektromotoren ausschließl. Bahnmotoren in KW | Bahnmotoren in KW | Koch- u. Heizapparate, Lichtbäder, Bügeleisen u. ähnl. in KW | | | | |
Anzahl	in KW	Anzahl	in KW							
6 750	429	38	28	91	—	14,3	562,3	505,8	—	6 00/120 V. Hauptbetrieb Eisenhüttenwerk.
—	—	—	—	—	—	—	—	—	—	110 V. Hauptbetr. Brauerei.
370	14	—	—	18	—	4	36	7	24	220 V. Hausindustrie und Landwirtschaft. Hauptbetr. Sägewerk.
—	—	—	—	—	—	—	—	—	—	110/220 V. 15000 V.
—	—	—	—	—	—	—	—	—	—	
1 200	—	3	—	40	—	—	—	—	—	Strom liefert die Mansfelder Gewerkschaft.
—	—	2	—	—	—	—	—	10,3	20	Landort.
—	—	—	—	—	—	—	—	—	185	2×220 V. Landwirtschaft und Industrie.
—	—	2	—	—	—	—	—	28	85	220 V. Nebenbetr. Mühle.
4 000	—	18	10	48	—	—	—	—	250	2×220 V. Stadt mit regem Touristenverkehr.
300	—	—	—	—	—	—	—	—	46	110 V. Vorwiegend Landwirtschaft. Nebenbetr. Säge-werk.
3 250	162	16	6	174	—	4	346	—	250	2×220 V.
220	—	—	—	—	—	—	—	—	17	220 V. Nebenbetr. Schlosserei u. teilweise Schafwoll-spinnerei. Versorgt die Weiler Thal-Günzach u. Staig.
711	27	2	0,7	8,8	—	3,1	39,6	7,9	11,5	220 V. Villenviertel bei Gütersloh.
250	—	—	—	—	—	—	—	—	—	Nebenbetr. Mühle.
5 402	185	—	—	530	—	—	715	—	—	120/210 V. 35000/6000 V. Teils Landwirtschaft, teils Industrie. Nebenbetr. Braunkohlengrube. *
—	—	—	—	—	—	—	—	—	—	2×110 V.
3 396	169	6	3	709	—	26	907	—	2000	6800/220/500 V. Landwirtschaft. Nebenbetr. Sägewerke, Mühlen, Zementfabrik. Versorgt Auggen, Binzen, Blansingen, Efringen, Egringen, Fischingen, Kirchen. Rümmingen, Schallbach, Schliengen.
100	5,3	6	2,2	—	—	—	7,5	—	6	110 V. Haubtbetrieb Hüttenwerk.

* Versorgt Abbach, Alteglofsheim, Barbing (m. Irl), Burglengenfeld, Burgweinting, Dechbetten, Diesenbach, Donaustauf, Gebelkofen, Graß, Harting, Ibenthann, Köfering (m. Scheuer). Kareth, Lappersdorf (m. Oppersdorf), Leonberg, Mangolding, Mintraching, Niedertraubling, Ober- u. Unter-Isling, Obertraubling. Pentlhof, Gemeinde Grünthal, Pentling, Ponholz, Pirkensee, Regenstauf, Reinhausen, Sallern (m. Gallingkofen und Wutzelhofen), Saltendorf, Sarching, Schwabelweiß Tegernheim, Teublitz, Weichs, Winzer, Zeitlarn.

Name und Postadresse des Ortes. Eigentümer des Elektrizitätswerkes	Ist ein Gaswerk vorhanden?	Leitungsnetz	Stromart und Frequenz	Betriebskraft (Reserve in Klammern)	Anzahl der Betriebsjahre	Einwohnerzahl des Ortes bezw. der versorgten Orte	Angeschlossene Zähler für Licht	Kraft	Normale Maschinenleistung einschließl. Reserve in KW	Normale Akkumulatorenleistung einschließl. Reserve in KW	Maximale Belastung in KW
Hammerschmiede b. Pforzen i. Schwaben, Josef Fleschhut	—	—	Dr	W	2	—	—	—	30	—	—
Hammerschrott, Post Neuhaus a. P., Oberfranken, Eberhard Weith	nein	O	GlA 2-L	W (E)	1	1 800	10	1	19	10	6,75
Hammertiefenbach, Post Tiefenbach, Oberpfalz, N. Vogl	nein	O	GlA 2-L	W (E)	3	1 500	1	2	20	8	15
Hankensbüttel, Reg.-Bez. Lüneburg, Kr. Isenhagen, Ludwig Becker	nein	O	Gl	D	1	1 100	72	9	37	—	—
Harlingerode, Braunschweig, H. Klages	—	—	—	D	—	1 900	—	—	—	—	—
Harras i. Meiningen, Eduard Schmidt	nein	O	GlA 2-L	D	1	700	1	—	6,5	8	5,5
Harsewinkel, Reg.-Bez. Münster . . . A. Roberg	nein	O	GlA 3-L	W	1	1 200	60	5	15	6	—
Hausmühle, Post Pfakofen, Stat. Eggmühl, Oberpfalz, Stiegler, Zink, Saudt, Huber & Bauer, e. Gen. m. b. H.	—	O	GlA 2-L	W	1	1 400	7	3	16	10	—
Hebertsfelden, Niederbayern, ... Tonwerk Kolbenmoor	nein	O	GlA 2-L	D	—	—	—	—	36	18	40
Heiligenfelde bei Syke, Kr. Syke, . . . Reg.-Bez. Hannover, Wuckendorf & Goldmann	nein	O	GlA 2-L	E	1	1 000	21	—	4,4	4	2,8
Heiligenhafen i. Holstein, ... städt. E.-W.	nein	O	GlA 3-L	E	1	2 420	155	13	40	22	26
Helmarshausen, Kr. Hofgeismar, E.-W. Helmarshausen und Umgegend, G. m. b. H.	nein	O	Dr 50	W	1	3 500	—	4	40	—	20
Henstedt, Kr. Syke, Rgbz. Hannover, Georg Kannengießer	nein	O	GlA 2-L	E	1	329	9	2	11	3,3	6
Heringen, Werra, Prov. Hess.-Nassau, Gewerkschaft Wintershall	nein	OK	Dr 50	D W	7	1 600	100	20	—	—	—
Herleshausen, Reg.-Bez. Cassel, Landgräfl. Hess. E.-W.	nein	O	Dr 50	W (D)	3	1 200	56	6	60	—	40
Hermaringen, Württemberg, Gemeinde-E.-W., Zentrale: J. M. Voith, Heidenheim a. Brenz	nein	O	Dr 3-L 50	W (D)	2	1 000	115		450	—	—
Herrsching, Post Herrsching, Oberbayern, Gemeinde-E.-W.	—	OK	GlA 3-L	E	1	800	100	17	52	6	—
Heubisch b. Neustadt b. Coburg, Herzogt. Meiningen, Gebrüder Rauschert	nein	O	GlA 3-L	W E	—	530	16	3	13	6	—
Hittfeld, Rgbz. Lüneburg, eingetragene Genoss. m. unbeschr. H.	nein	O	GlA 3-L	E	1	1 280	109	18	30	16	38
Hoffnungsthal, Post Grumby, Rgbz. Schleswig, Peter Matthiesen	nein	O	Gl 2-L	W	1	600	23	7	20	—	—
Hohenaschau, Stat. Aschau b. Prien, Bezirksamt Rosenheim, Theodor Freiherr v. Cramer-Klett	nein	KO	Dr 3-L 50	W	2	800	3	—	160	24	—
Hohenmemmingen, Post Giengen a. Br., Württbg.	nein	O	Dr 3-L	—	1	650	105	5	—	—	—
Hohensalza, Prov. Posen, städt. E.-W.	ja	OK	GlA 3-L	D	1	24 600	183	31	270	63	76
Hohn, Schleswig, Elektr.-Genoss., e. Gen. m. u. H.	nein	O	GlA 3-L	D	1	1 000	86	10	—	—	—

Glühlampen Anzahl	Glühlampen in KW	Bogenlampen Anzahl	Bogenlampen in KW	Elektromotoren ausschließl. Bahnmotoren in KW	Bahnmotoren in KW	Koch- u. Heizapparate, Lichtbäder, Bügeleisen u. ähnl. in KW	Gesamter Anschlußwert in KW	Abgegebene KWStd. in Einh. von 1000	Gesamtes Anlagekapital in Einh. von 1000 Mk.	Spannung, versorgte Orte, besonderer Charakter des Ortes bezw. der versorgten Orte, Nebenbetriebe und sonstige Bemerkungen
—	—	—	—	—	—	—	—	—	—	3000 V. Hauptbetr. Sägewerk.
170	—	—	—	—	—	—	—	—	—	225 V. Kleinindustrie und Landwirtschaft. Hauptbetrieb Holzwollefabrikation. Versorgt Neuhaus a. P. und Grottensee, Kr. Oberpfalz.
400	20	—	—	35	—	5	60	—	25	220 V. Landwirtschaft und Kleinindustrie. Hauptbetrieb Sägewerk.
350	—	3	—	—	—	—	—	—	25	Hauptbetrieb Kalksandsteinfabrik.
1 500	—	—	—	—	—	—	—	—	—	2×220 V.
150	—	—	—	9	—	—	—	—	15	220V. Landwirtschaft. Nebenbetr. Holzwarenfabrikation.
700	—	—	—	8	—	—	—	—	30	2×220 V. Nebenbetr. Getreidemühle.
300	7	—	—	22	—	—	40	—	60	220 V. Haus- u. Landwirtschaft. Nebenbetr. Mühle. Versorgt Pfakofen, Pfallkofen u. Rogging.
200	6	12	3,6	26	—	—	35,6	—	34	110 V. Hauptbetrieb Tonwerk.
225	6,5	—	—	—	—	—	6,5	0,7	10	110 V. Landwirtschaft. Mühle als Hauptbetrieb.
1 825	55	5	1,55	33	—	12	101,55	—	100	2×110 V. Landwirtschaft, Bade- und Kurort, Hafen. Nebenbetr. Badeanstalt.
900	—	—	—	16	—	2	—	—	60	220 V. Versorgt Helmarshausen, Herstelle, Lauenförde, Würgassen.
180	—	—	—	—	—	—	—	0,5	6	110 V. Hauptbetrieb Müllerei und Sägerei.
2000	—	20	—	—	—	—	—	—	—	5500/500/220/110 V.
1 380	—	4	—	—	—	—	—	15	—	3000/220 V. Landwirtschaft. Nebenbetr. Sägewerk und Mahlmühle.
620	34,6	—	—	—	—	—	—	35	20	1000/220 V. Landwirtschaft. Nebenbetr. Ortspumpwerk und Molkerei. Versorgt Hohenmemmingen bei Giengen a. Brenz.
750	—	—	—	48	—	—	—	25,8	100	2×110 V. Landwirtschaft und Kleinindustrie.
165	6	—	—	29,7	—	—	35,7	—	7,5	2×110 V. Hauptsächlich Landwirtschaft. Mühlenbaugeschäft ist Hauptbetrieb. Elektrizitätswerk Nebenbetrieb.
1 693	83,40	4	1,8	121,50	—	3	209,70	16	90	2×220 V. Vorwiegend landwirtschaftliche Betriebe. Versorgt Eddelsen, Emmelndorf u. das Gut Caroxbostel.
480	—	—	—	—	—	—	—	—	18,5	220 V. Nebenbetr. Müllerei. Versorgt Buschau, Neusolkyhuby, Twedt.
1 072	—	2	—	64	—	5,5	—	—	—	110 V. Hauptbetrieb Brauerei.
—	—	—	—	243	—	—	—	—	—	
2 124	117,5	65	26,84	185	—	11,16	340,5	74,4	400	2×220 V. Kleinindustrie und Landwirtschaft.
800	—	—	—	—	—	—	—	—	40	2×110 V. Landwirtschaft.

Name und Postadresse des Ortes. Eigentümer des Elektrizitätswerkes	Ist ein Gaswerk vorhanden?	Leitungsnetz	Stromart und Frequenz	Betriebskraft (Reserve in Klammern)	Anzahl der Betriebsjahre	Einwohnerzahl des Ortes bezw. der versorgten Orte	Angeschlossene Zähler für		Normale Maschinenleistung einschließl. Reserve in KW	Normale Akkumulatorenleistung einschließl. Reserve in KW	Maximale Belastung in KW
							Licht	Kraft			
Holsterhausen i. Westfalen, Reg.-Bez. Arnsberg, Gem.-E.-W.	—	O	Dr 50	T	—	7 800	—	—	—	—	—
Holzhausen, Post Igling, Oberbayern, Klostermühle	—	O	GlA 2-L	W	2	314	13	12	11	10	14
Holzhausen, Post Neuötting, Oberbay., Joh. Brunnhuber, Ökonom	nein	O	GlA 2-L	W	2	200	3	1	13	8	13
Homberg (Oberhessen), Großh. Hessen, Heinrich Bromm	—	O	GlA 2-L	W (D)	2	1 300	85	—	95	16	15,4
Hönningen a. Rh., Rgbz. Koblenz, Chemische Fabrik, Akt.-Ges. Hönningen	nein	O	Dr 3-L 50	T	6	3 200	115	8	—	—	30
Hoppegarten (Mark). Union-Club zu Berlin	ja	O	GlA 2-L	D	14	150	17	—	11	10	15,4
Hubers, Post Schlachters b. Lindau i. Bayern, Joh. Kremler, Sägewerk	nein	O	GlA 2-L	W (D)	1	400	27	2	14,7	12	7,5
I											
Ingelfingen, O.-A. Künzelsau, Württemberg, Ludwig Hermann	nein	O	Dr GlA 2-L 50	W (D)	8	2 500	45	8	60	10	70
J											
Jardinghausen, Post Neubruchhausen, Rgbz. Hannover, Friedrich Nordmann	nein	O	GlA 2-L	E	—	328	—	—	2,5	1	2
Jeddeloh, Oldenburg, G. Bunting . .	—	O	--	D	—	3 500	—	—	29	20	28
Jestetten, Amt Waldshut, Gem.-E.-W.	nein	O	Dr	W E	1	1 228	164	22	100	—	--
K											
Kaltenkirchen i. Schleswig-Holstein, Emil Kohlhase	nein	O	GlA 3-L	—	5	1 400	120	14	48	14	200
Kirchweyhe, Reg.-Bez. Hannover, H. Budelmann	nein	O	GlA 2-L	E	1	2 500	23	—	12	4	7
Kirchzarten i. Baden, Gem.-E.-W. . .	—	O	GlA 2-L	W (D)	4	1 075	90		30	—	—
Kirschweiler, Post Idar a. d. Nahe, Fürstent. Birkenfeld, L. Dieler jr.	nein	O	Dr 50	E	—	1 000	35		40	—	—
Kochel, Oberbayern Geiger & Hahnemann	nein	O	Dr 50	W	2	1 000	30	7	40	—	—
Kontopp i. Schles., Reg.-Bez. Liegnitz, Otto Niekisch	nein	O	GlA 2-L	D	—	1 500	76	7	12	4	—
Kraiburg a. Inn, Oberbayern Joh. Oberbacher	—	—	—	—	—	1 100					
Kriegenbrum, Post Erlangen, Gebr. Stenz	nein	O	GlA 2-L	E	2	250	15		4	4	4,4
L											
Laaber b. Hemau i. Oberpfalz, M. Plank	—	—	—	—	—	800					
Langburkersdorf i. Sachsen Gemeinde-E.-W.	nein	O	GlA 3-L	E	1	3 000	331	17	69	13	—

| Angeschlossene | | | | | | | Gesamter Anschlußwert in KW | Abgegebene KWStd. in Einh. von 1000 | Gesamtes Anlagekapital in Einh. von 1000 Mk. | Spannung, versorgte Orte, besonderer Charakter des Ortes bezw. der versorgten Orte, Nebenbetriebe und sonstige Bemerkungen |
| Glühlampen | | Bogenlampen | | Elektromotoren ausschließl. Bahnmotoren in KW | Bahnmotoren in KW | Koch- u. Heizapparate, Lichtbäder, Bügeleisen u. ähnl. in KW | | | | |
Anzahl	in KW	Anzahl	in KW							
—	—	—	—	—	—	—	—	—	—	3×220 V. Industrieort
200	5	—	—	—	—	—	41	—	—	220 V. Landwirtschaft. Elektrizitätserzeugung ist Nebenbetrieb. Hauptbetrieb Müllerei.
150	—	—	—	19,8	—	—	—	—	35	220 V. Einzelne kleine Dörfer.
830	—	—	—	—	—	—	—	12	45	220 V. Landwirtschaft. Nebenbetr. Kreissäge und Schrotmühle.
1 600	90	4	2	42	—	—	134	49,6	—	115 V. Industrie.
—	—	—	—	—	—	—	—	—	—	220 V.
550	—	—	—	6,3	—	2,4	—	5	25	220 V, Sägewerk ist Hauptbetrieb. Versorgt Egghalden, Schlachters, Sigmarszell, Thumen und österreichische Gemeinde Dietzlings.
1 800	54	—	—	210	—	1,5	265,5	—	100	Gl 110 V, Dr 3000/125,210 V. Landwirtschaft, Nebenbetr. Getreidemühle. Versorgt Belsenberg, Hermuthausen, Stachenhausen, Steinbach. Im Bau: Weldingsfelden—Seidelklingen.
50	1,32	—	—	—	—	—	1,32	—	—	110 V. Landwirtschaft. Hauptbetr. Landwirtschaft.
300	—	4	—	35	—	—	—	—	—	220 V.
1 300	—	—	—	—	—	—	—	—	24	
1 700	—	—	—	—	—	—	—	30	70	2×110 V. Nebenbetr. Holzsägerei.
450	13,5	2	0,88	5	—	0,3	19,68	1,6	6,5	110 V. Landwirtschaft.
1 200	60	—	—	32	—	—	—	—	60	220 V.
275	14	—	—	17	—	—	—	—	—	5250/120/215 V. Kleinindustrie, Achatschleifereien, Landwirtschaft. Nebenbetr. Mühlenbau, Schlosserei, Schleifereieinrichtungen. Versorgt Hettenrodt.
680	28	—	—	14	—	—	42	9,05	50	5000/220 V. .Kurort. Hauptbetr. Sägewerk.
650	—	—	—	11,5	—	—	—	—	—	220 V. Hauptbetr. Sägewerk.
—	—	—	—	—	—	—	—	—	—	
144	5,74	—	—	21,1	—	—	26,84	2,4	10	110 V. Landwirtschaft. Hauptbetr. Fabrik landw. Maschinen.
—	—	—	—	—	—	—	—	—	—	220 V.
—	—	6	3	34	—	5,5	—	—	170	2×120 V.

Name und Postadresse des Ortes. Eigentümer des Elektrizitätswerkes	Ist ein Gaswerk vorhanden?	Leitungsnetz	Stromart und Frequenz	Betriebskraft (Reserve in Klammern)	Anzahl der Betriebsjahre	Einwohnerzahl des Ortes bezw. der versorgten Orte	Angeschlossene Zähler für Licht	Kraft	Normale Maschinenleistung einschließl. Reserve in KW	Normale Akkumulatorenleistung einschließl. Reserve in KW	Maximale Belastung in KW
Lappersdorf, Post Eichendorf, Niederbay., Georg Huf	nein	KO	GlA 2-L	—	1	160	—	1	—	—	—
Laudenbach, Amt Weinheim . . . . . . Stuhlfabrikant Gebhardt	nein	O	Gl	—	5	1 750	—	—	—	—	—
Lautersheim, Pfalz, E.-W. und Malz- fabrik Martin Mann	nein	O	GlA 2-L	E	2	450	20	8	25	10	15
Lautlingen, O.-A. Balingen (Württbg.) . . Justina Hagg Ww.	nein	O	GlA 2-L	W	2	770	20	4	12	6	10
Lengenfeld i. V., Amtshauptm. Zwickau, städt. E.-W.	ja	KO	Dr 50	T	1	8 000	50	80	—	—	—
Lengfeld b. Würzburg, Unterfranken . . Ph. Heßdörfer	nein	O	GlA 2-L	W (E)	2	500	20		6,5	10	22
Lippspringe, Reg.-Bez. Minden. . . . Kurbrunnengesellschaft	—	—	—	—	—	2 700	—	—	—	—	—
Loop, Post Einfeld, Reg.-Bez. Schles- wig, Chr. Siemsen	nein	O	GlA 3-L	D	1	—	40	3	57	13	—
Lüdenscheid, Reg.-Bez. Arnsberg, städt. E.-W.	ja	KO	Gl 3-L, Dr 3-L 50	T	1	32 000	900		500	150	274

M

Name und Postadresse des Ortes. Eigentümer des Elektrizitätswerkes	Ist ein Gaswerk vorhanden?	Leitungsnetz	Stromart und Frequenz	Betriebskraft (Reserve in Klammern)	Anzahl der Betriebsjahre	Einwohnerzahl des Ortes bezw. der versorgten Orte	Angeschlossene Zähler für Licht	Kraft	Normale Maschinenleistung einschließl. Reserve in KW	Normale Akkumulatorenleistung einschließl. Reserve in KW	Maximale Belastung in KW
Märkisches Elektrizitätswerk A.-G. in Eberswalde-Heegermühle siehe **Eberswalde.**											
Mainleus, Oberfranken, Johann Weigel	—	—	Gl 2-L	W	14	600	—	—	8	—	—
Mainstockheim, Unterfranken, G. m. b. H.	nein	O	Gl 2-L	E	1	1 200	92		30	—	34
Malsch, Amt Ettlingen i. Baden, Gas- anstalts-Betriebsges. m. b. H., Berlin	—	O	GlA 2-L	D	9	4 500	54	4	32	14,5	22
Maltsch, Reg.-Bez. Breslau, Max Bartsch G. m. b. H.	nein	O	GlA 2-L	D	10	2 500	23	4	75	60	60
Mamming-Schweigen, Niederbayern, . . . J. B. Schmidt	—	O	Dr	W	1	700	—	—	30	—	—
Mandelsloh, Kreis Neustadt a. Rbg., H. Laue, Elektrizitätswerk und Maschinenschlosserei	nein	O	GlA 3-L	E	2	2 600	150	54	55	24	80
Marktleuthen, Oberfranken, G. m. b. H.	nein	O	GlA 2-L	E	1	2 000	60	11	17,5	13	—
Marquartstein, Ober-Bayern . . . . . . von Ribaupierresche Gutsverwltg.	nein	KO	GlA 2-L	W	20	500	22	—	28	6,6	19
Melchiorshausen, Post Brinkum, Kr. Syke, Reg.-Bez. Hannover, Mühlen- besitzer Eggers	nein	O	GlA 2-L	E	1	1 000	26	14	22	12	20
Mellrichstadt, Unterfranken, Inh. William Dehnert, Ingenieur	nein	O	GlA 2-L	E	1	2 500	68	12	50	10	15
Mergelstetten, Kgr. Wrttb., Gem.-E.-W.	nein	O	GlA 3-L	W	1	1 600	75	28	29	—	—
Mettendorf, Reg.-Bez. Trier, Jacob Rech	nein	—	GlA 3-L	W (D)	2	1 030	30	4	28	4	—

| Angeschlossene | | | | | | | Gesamter Anschlußwert in KW | Abgegebene KWStd. in Einh. von 1000 | Gesamtes Anlagekapital in Einh. von 1000 Mk. | Spannung, versorgte Orte, besonderer Charakter des Ortes bezw. der versorgten Orte, Nebenbetriebe und sonstige Bemerkungen |
| Glühlampen | | Bogenlampen | | Elektromotoren ausschließl. Bahnmotoren in KW | Bahnmotoren in KW | Koch- u. Heizapparate, Lichtbäder, Bügeleisen u. ähnl. in KW | | | | |
Anzahl	in KW	Anzahl	in KW							
110	—	—	—	—	—	—	—	—	6	220 V.
—	—	—	—	—	—	—	—	—	—	
400	11	—	—	25,2	—	2	38,2	22,5	20	110 V. Landwirtschaft. Hauptbetr. Malzfabrik.
400	16	—	—	8	—	—	24		20	220 V. Landwirtschaft und Kleinindustrie. E.-W. ist Nebenbetrieb, Hauptbetr. Müllerei.
—	—	—	—	—	—	—	—	—	—	Versorgt Gemeinde Grün mit 1500 Einw.
360	—	—	—	—	—	—	—	4	16	220 V. Landwirtschaft. Nebenbetr. Mühle.
—	—	—	—	—	—	—	—	—	—	
400	—	—	—	—	—	—	—	—	—	Einfeld ist Bade- und Kurort, Groß- und Kleinindustrie. Molkerei und Mühle. Versorgt Einfeld und Schönbeck.
15 317	766	141	93	649	—	46	1554	470,4	800	Gl 2×110 V. Dr 220/115 V. 3000 V. für größere Kraftbetriebe. Kleinindustrie, Metallwarenfabriken.
—	—	—	—	—	—	—	—	—	—	110 V.
700	25	—	—	12	—	—	37	—	40	110 V.
980	42	—	—	10	—	—	52	—	—	220 V.
900	22,5	—	—	—	—	—	—	10	50	220 V. Kleinindustrie.
150	7,5	—	—	1	—	—	—	—	—	Landwirtschaft. Nebenbetr. Kunstmühle.
2 623	139	—	—	215	—	3	357	47	93	2×220 V. Landwirtschaft Nebenbetr. Maschinenfabrik. Versorgt Amdorf, Brase, Dienstorf, Helstorf, Lutmersen, Lutter, Niederstöcken, Weelze.
410	18	—	—	22	—	—	40	—	—	220 V. Marktflecken.
600	11,09	4	0,6	11,04	—	—	22,73	6	40	110 V. Luftkurort. Sägewerk, Kunstmühle u. Ökonomie.
260	10,4	—	—	42	—	0,5	52,9	1,22	24	220 V. Landwirtschaft. Schweinemästerei. Mahl- und Sägemühle als Hauptbetrieb.
700	35	—	—	18	—	2	55	11	120	220 V. Kreisstadt.
470	—	—	—	46,8	—	—	—	—	35	220 V. Industrieort.
400	12	—	—	10	—	1	23	8	23	2×220 V. Kleinindustrie. Landwirtschaft. Nebenbetr. Sägewerk, Lohndrescherei.

Name und Postadresse des Ortes. Eigentümer des Elektrizitätswerkes	Ist ein Gaswerk vorhanden?	Leitungsnetz	Stromart und Frequenz	Betriebskraft (Reserve in Klammern)	Anzahl der Betriebsjahre	Einwohnerzahl des Ortes bezw. der versorgten Orte	Angeschlossene Zähler für Licht	Kraft	Normale Maschinenleistung einschließl. Reserve in KW	Normale Akkumulatorenleistung einschließl. Reserve in KW	Maximale Belastung in KW
Meyenburg, Reg.-Bez. Potsdam, Ing. Ludwig Rening	nein	O	GlA 3-L	E	1	2000	21	9	18	10	—
Mittweida, Sa., städt. E.-W.	ja	OK	Dr 50	D	1	30000	525	280	270	—	—
Mögeltondern, Reg.-Bez. Schleswig, Gem.-E.-W.	nein	O	GlA 2-L	E	1	600	72	12	20	15	15
Moosach b. Grafing i. Ob.-Bayern, Post- u. Bahnstation, Alois Lederer	nein	O	GlA 2-L	W	11	350	4	—	4,5	2,5	4,5
Moosham b. Regenburg, Ferdinand Sanladerer	—	O	GlA 2-L	E	3	700	21	7	14	5	—
Mörlenbach i. Odenwald, Großh. Hessen, W. Albouts	nein	O	GlA 2-L Dr 4-L 50	W (D)	1	8000	120	5	90	12	—
Mülheim (Mölme), Reg.-Bez. Arnsberg, Gräfin v. d. Gröben (Pächter Alb. Kesting)	nein	O	GlA 2-L	W	1	1500	55	24	120	36	12
Münster a. St., Reg.-Bez. Koblenz, Gem.-E.-W.	nein	KO	GlA 2-L	D	8	1000	74	6	100	36	113
Mupperg, S.-M., Gebr. Gumpert	nein	O	GlA 3-L	W E	1	2200	50	10	25	4	—
N											
Naila i. Oberfranken, städt. E.-W.	nein	O	GlA 3-L	D	1	3400	134	10	82	95	33
Neubulach, Oberamt Calw, Schwarzwaldkreis, Gemeindeverband E.-W. für den Bezirk Calw	nein	O	Dr	W (E)	—	45830	—	—	—	—	—
Neucoswig, Post Coswig i. S. Heilanstalt „Lindenhof"	nein	O	Gl 2-L	D	2	990	44	1	—	—	—
Neuenkirchen, Bez. Münster i. Westf., Gem.-E.-W.	nein	O	GlA 3-L	E	2	4286	137	18	145	55	150
Neusalz a. Oder, A.-G. für Gas u. Elektrizität, Cöln	—	—	—	—	—	13000	—	—	—	—	—
Niedernau, Württemberg, Besitzer Chr. Stengle	nein	O	GlA 2-L	W	2	420	6	—	7,5	5	—
Niederndorf b. Herzogen-Aurach, Bayern, Oberfranken, Johann Durmann	nein	O	GlA 2-L	W (E)	1	425	16	10	15	6	4,5
Nieder-Ramstadt, Großh. Hessen, Gem.-E.-W.	nein	O	GlA 3-L	W (E)	1	2200	250	5	60	25	18
Nittenau, Oberpfalz (Bayern), Friedrich Stabl	nein	O	GlA 2-L	W (D)	1	1500	51	5	20	15	20
Nordheim b. Donauwörth i. Schwaben, Joh. Schneller	—	—	Gl 2-L	—	7	350	—	—	8,5	—	—
O											
Oberafferbach b. Aschaffenburg, Anton & Peter Bayer	nein	O	GlA 2-L	E	1	750	14	—	6.5	4	—
Oberaudorf, Regbez. Oberbayern, Gem.-E.-W.	—	OK	GlA 2-L	W	15	2500	50	14	47,5	—	—
Oberbeeningen u. Teck, O.-A. Kirchheim, Württemberg, Papierfbk. Scheufelen	nein	O	Dr 4-L 50	D W	1	1000	45	—	—	—	—
Obercunnersdorf, Amtsh. Löbau, Sa., Gem.-E.-W.	nein	O	GlA 3-L	E	3	4590	—	—	160	—	60

| Angeschlossene | | | | | | | Gesamter Anschlußwert in KW | Abgegebene KWStd. in Einh. von 1000 | Gesamtes Anlagekapital in Einh. von 1000 Mk. | Spannung, versorgte Orte, besonderer Charakter des Ortes bezw. der versorgten Orte, Nebenbetriebe und sonstige Bemerkungen |
| Glühlampen | | Bogenlampen | | Elektromotoren ausschließl. Bahnmotoren in KW | Bahnmotoren in KW | Koch- u. Heizapparate, Lichtbäder, Bügeleisen u. ähnl. in KW | | | | |
Anzahl	in KW	Anzahl	in KW							
300	—	—	—	38	—	—	—	—	70	2×115 V. Kleinindustrie, Hausindustrie und Landwirtschaft. Nebenbetr. Mühle.
6 000	150	6	3	250	—	2	405	—	—	5200/220/127 V. Klein- u. Hausindustrie, Landwirtschaft. Versorgt Alt-Mittweida, Crossen, Erlau, Frankenau, Lauenhain, Neudörfchen, Ober-Thalheim, Schönborn, Topfseifersdorf, Zschoppelshain.
700	30	—	—	28	—	—	58	—	40	220 V.
400	—	—	—	—	—	—	—	—	20	65 V. Sommerfrische.
481	—	—	—	23	—	—	—	—	—	220 V.
600	20	4	1,4	25	—	1,5	47,9	—	—	Gl 220 V. Dr 3000/210/120 V. Nebenbetr. Sägewerk. Versorgt Fürth i. Od., Rimbach i. Od.
700	—	—	—	18	—	—	—	—	17	120 V. Hausindustrie. Nebenbetr. Sägewerk. Hauptbetr. Walzenmühle.
3 000	—	38	19,4	42	—	4	—	—	100	220 V. Kur- u. Bäderbetrieb.
250	—	—	—	45	—	2	—	—	—	2×220 V. Vorwiegend Landwirtschaft. Hauptbetrieb ist Kunstmühle. Versorgt Cerlsdorf, Fürth a. B., Horf u. Mogger.
1 286	35	—	—	27	—	—	62	—	150	2×110 V. Klein- u. Hausindustrie u Landwirtschaft.
—	—	—	—	—	—	—	—	—	—	Ländlicher Charakter.
—	—	—	—	—	—	—	—	3,7	—	110 V.
1 510	110	—	—	40	—	—	150	25,26	96,5	2×220 V. Textilindustrie.
—	—	—	—	—	—	—	—	—	—	
120	7	—	—	—	—	—	7	1,2	—	110 V. Landwirtschaft, Kurort. Nebenbetr. Mühle.
100	11	—	—	14	—	—	—	—	15	220 V.
2 580	65	—	—	10	—	3	78	—	120	2×120 V. Kleinindustrie u. Landwirtschaft.
600	18	—	—	15	—	5	38	—	90	220 V. Landwirtschaft. Versorgt Bergham.
—	—	—	—	—	—	—	—	—	—	220 V.
75	—	—	—	—	—	—	—	—	8,5	220 V. Landwirtschaft. Hauptbetr. Schlosserei und mech. Werkstätte. Versorgt Johannesberg.
508	—	4	—	32,8	—	—	—	25,6	707	2×110 V. Kleinindustrie, Landwirtschaft, Sommerfrische u. Luftkurort. Versorgt Mühlbach, Niederaudorf, Oberaudorf, Reisach.
434	8,55	—	—	—	—	2,16	10,71	—	—	125 V. Landwirtschaft. Hauptbetrieb Papierfabrik. Angaben beziehen sich auf Fabrik und E.-W.
—	—	4	—	—	—	—	—	—	140	2×220 V. Versorgt Niedercunnersdorf.

Name und Postadresse des Ortes. Eigentümer des Elektrizitätswerkes	Ist ein Gaswerk vorhanden?	Leitungsnetz	Stromart und Frequenz	Betriebskraft (Reserve in Klammern)	Anzahl der Betriebsjahre	Einwohnerzahl des Ortes bezw. der versorgten Orte	Angeschlossene Zähler für		Normale Maschinenleistung einschließl. Reserve in KW	Normale Akkumulatorenleistung einschließl. Reserve in KW	Maximale Belastung in KW
							Licht	Kraft			
Oberhof, Herzogtum Coburg-Gotha, Herzogl. Hofkammer in Gotha	nein	OK	GlA 3-L	E	2	400	87	8	190	30	100
Obernkirchen, Fürstentum Schaumburg-Lippe, Schaumburger Gesamtsteinkohlenbergwerke, Gesamtbergamt Obernkirchen	—	K	Dr 50	—	8	3 800	6	—	—	—	—
Obertal, Oberamt Freudenstadt, Johann Trück	nein	O	GlA 2-L	W	1	—	28	1	9	7	—
Ochtrup i. W., Reg.-Bez. Münster . . Gebrüder Laurenz	nein	O	GlA 3-L	—	1	7 000	240	10	650	36	400
Oschatz i. Sachsen, städt. E.-W. . . . . Kreishauptmsch. Leipzig	ja	OK	Dr 50	—	1	12 000	250		300	—	—
Ostenburg in Niederbayern . . . . . . Alois Sanladerer	nein	—	GlA 2-L	E	4	1 200	40	10	20	6,5	15
Ostenfelde, Reg.-Bez. Münster, . . . Aug. Horstmann	nein	O	GlA 2-L	—	2	500	35	2	11	6	15
Ottmarsbocholt i. Westf., Franz Kasberg	nein	O	GlA 2-L	D	1	800	30	6	25	8	36
Owschlag, Reg.-Bez. Schleswig . . . Hans Reimers	nein	O	GlA 2-L	W (D)	1	450	42	2	12	12	10

P

Name und Postadresse des Ortes. Eigentümer des Elektrizitätswerkes	Ist ein Gaswerk vorhanden?	Leitungsnetz	Stromart und Frequenz	Betriebskraft (Reserve in Klammern)	Anzahl der Betriebsjahre	Einwohnerzahl des Ortes bezw. der versorgten Orte	Licht	Kraft	Normale Maschinenleistung einschließl. Reserve in KW	Normale Akkumulatorenleistung einschließl. Reserve in KW	Maximale Belastung in KW
Packebusch, Reg.-Bez. Magdeburg . Elektrische Ortszentrale.	nein	O	Gl 2-L	D	1	580	30	30	—	83	—
Paderborn, Paderborner E.-W. und Straßenbahn A.-G.	ja	KO	Dr 4-L 50	D	1	28 000	335	72	2000	—	400
Peilau, Elektrizitäts-Genossenschaft, e. Gen. m. b. H., Nieder-Peilau, Reg.-Bez. Breslau.	ja	O	Dr 50	T	1	8000	130	25	—	—	—
Pfaffenhausen, Bez. Amt Neuburg, **Schwaben,** G. m. b. H.	nein	O	Dr 50	W (E)	1	2 100	80	15	100	—	—
Pfronten, Bez. Amt Neuburg, **Schwaben,** Konsortium	nein	—	W 2-L 50	W	12	140	2	—	26	—	—
Piesdorf b. Belleben, Reg.-Bez. Merseburg, Überland-Zentrale der Zuckerfabrik	nein	O	Dr 50	—	2	1 300	40	10	—	—	—
Polkwitz i. Schlesien, Maurermeister . Wierzejewski	—	—	—	—	—	1 800	—	—	—	—	—
Poppenbüttel, Schleswig, Kr. Stormarn, E.-W. Treudelberg, G. m. b. H.	nein	O	GlA 3-L	D	—	1 000	30	8	27	30	—
Pöttmes (Bezirk Aichach, Ober-Bayern), Genoss. f. Verwertung v. elektr. Licht u. Kraft	nein	—	GlA 3-L	*	1	1 500	95	30	23	12	—
Preetz, Reg.-Bez. Schleswig . . . . städt. E.-W.	—	—	Dr 50	T	—	5 000	243		90	—	—
Pretzen, Ober-Bayern, E.-W., J. Euchler & F. Schmid	—	O	GlA 2-L	W	4	—	45		40	24	40
Primkenau i. Schl., Reg.-Bez. Liegnitz, Kraft- u. Lichtwerk Primkenau, G. m. b. H.	nein	O	GlA 3-L	D	1	3 000	94	11	80	21,6	—
Probstzella, Thür., Sachsen-Meiningen . . Franz Itting, Saalfeld-S.	nein	O	Dr 50	D	1	4 000	250	100	215	—	—

* Gleichdruck-Wärmemotor P. Litzenmeyer.

| Angeschlossene | | | | | | | Gesamter Anschlußwert in KW | Abgegebene KWStd. in Einh. von 1000 | Gesamtes Anlagekapital in Einh. von 1000 Mk. | Spannung, versorgte Orte, besonderer Charakter des Ortes bezw. der versorgten Orte, Nebenbetriebe und sonstige Bemerkungen |
| Glühlampen | | Bogenlampen | | Elektromotoren ausschließl. Bahnmotoren in KW | Bahnmotoren in KW | Koch- u. Heizapparate, Lichtbäder, Bügeleisen u. ähnl. in KW | | | | |
Anzahl	in KW	Anzahl	in KW							
4 500	200	35	18	70	—	8	296	68,9	242	2×110/220 V. 500 V. Luftkurort.
2 103	108	29	22	92	—	—	222	68,5	—	6000/225 V. Hauptbetrieb Bergbau.
445	16	—	—	3	—	1	20	—	15	220 V.
4 000	100	177	—	—	—	—	—	—	150	2×110 V. E.-W. Nebenbetrieb. Ländliche Bevölkerung. Spinnerei und Weberei, eigener Fabrikbetrieb. Angaben gelten einschl. Eigenbedarf.
3 100	155	13	7	261	—	10	433	—	300	3200/3×220/127 V. Versorgt Gemeinde Zschöllau b. Oschatz.
400	7	4	2	30,4	—	1	40,4	—	54	240 V. Kleinindustrie u. Landwirtschaft. Nebenbetr. Maschinenhandel.
300	16	—	—	5,4	—	—	21,4	3,15	1	110 V. Landwirtschaft.
500	—	—	—	—	—	—	—	4	14	220 V. Ackerbau und Viehzucht.
300	12	—	—	15	—	—	27	—	25	220 V.
240	—	—	—	112	—	—	—	3	12	220 V.
6 740	330,5	20	11	706	—	—	1 047,5	376	—	220/180 V. 500 V (Ziegeleibetrieb). Landstadt.
1 550	54	—	—	95	—	—	149	—	111	120/220 V. Landwirtschaft. Versorgt Ortschaft Peilau mit Gnadenfrei und Güttmannsdorf.
900	45	—	—	45	—	2	92	—	—	220 V. Landwirtschaft. Versorgt Bronnen, Mörgen, Pfaffenhausen, Salgen.
764	25,76	—	—	—	—	—	—	—	72,6	8000/110 V.
1 270	—	4	—	144	—	—	—	76,5	—	210/120 V. Vorwiegend Landwirtschaft, Zuckerfabrikation. Stromlieferant: Mansfelder Gewerkschaft.
—	—	—	—	—	—	—	—	—	—	
500	—	—	—	—	—	—	—	—	55	2×220 V. Landgebiet. Versorgt Lemsal-Mellingstedt.
600	15	—	—	59,3	—	—	74,3	—	—	2×110 V.
—	—	—	—	—	—	—	—	—	—	120 V. f. Licht, 208 V. f. Kraft. 5500 V. Erhält Strom vom Schwendiner Werk.
525	11	4	3,4	120	—	3,5	137,9	—	—	220 V. Landwirtschaft. Nebenbetr. Wasserversorgung, Müllerei. Versorgt Altenerding, Aufkirchen, Bergham, Indorf, Itzling, Kiefing, Stamham, Wattendorf, Werndlfing.
1 700	60	5	5	23	—	—	88	—	120	2×110 V. Kleine Residenzstadt. Versorgt Lauterbach.
3200	—	—	—	400	—	—	—	—	—	6000/220/127 V. Industrie u. Landwirtschaft. Schieferbrüche. Versorgt Steinbach, Schmiedebach, Lichtentanne, Kleinmundorf, Großgeschwenda.

Name und Postadresse des Ortes. Eigentümer des Elektrizitätswerkes	Ist ein Gaswerk vorhanden?	Leitungsnetz	Stromart und Frequeaz	Betriebskraft (Reserve in Klammern)	Anzahl der Betriebsjahre	Einwohnerzahl des Ortes bezw. der versorgten Orte	Angeschlossene Zähler für		Normale Maschinenleistung einschließl. Reserve in KW	Nornale Akkumulatorenleistung einschließl. Reserve in KW	Maximale Belastung in KW
							Licht	Kraft			
Prostken (Ostpr.), Reg.-Bez. Gumbinnen, Gemeinde-E.-W.	nein	OK	GlA 3-L	D	1	2 300	70	6	25	12	—
Putbus, Kreis Rügen, Brauereibesitzer Modrow	nein	O	Gl 2-L	D	8	2 056	85	8	—	—	—
R											
Rangstrup b. Hadersleben, Reg.-Bez. Schleswig, Fischer	nein	O	GlA 2-L	E	2	50	3		15	6,5	14
Ranis, Thüringen, Kr. Ziegenrück . . Franz Buttler	—	—	GlA 2-L	E (D)	—	2 100	—	—	15	11	—
Rauschen, Ostpreußen	—	—	Gl	—	—	500	—	—	—	—	—
Reichelsheim i. Odenw., Kreis Erbach i. Hessen, Philipp Göttmann Ww. & Sohn	nein	O	GlA 2-L	—	—	2000	100	20	40	14	22
Reichenbach i. V., städt.	ja	K	Dr 50	D (D)	1	70 000	1 200	350	2 200	—	—
Rieseby, Schleswig, e. Gen. m. u. H. .	nein	O	Gl 3-L	—	1	750	30	10	—	—	—
Rimbeck, Post Scherfede, Reg.-Bez. Minden, Gemeinde-E.-W.	nein	O	GlA 3-L	W (E)	1	1 000	180	20	55	22	56
Rimpar bei Würzburg, Adam Walter .	nein	O	GlA 2-L	W (E)	8	2 400	22	—	10	10	8
Rinteln, Reg.-Bez. Cassel, Uberland-E.-W. Rinteln G. m. b. H.	ja	OK	Dr 50	—	—	15 000	—	—	200	—	—
Rodewisch, Kreishauptmannschaft Zwickau, Gemeinde-E.-W.	ja	OK	Dr 50	D	1	9 500	120	130	270	—	—
Ruhpolding i. Bayern, Math. Seehuber .	—	—	Gl 2-L	—	—	2 100	—	—	—	—	—
S											
Saalburg-Saale, Reuß j. L., Dampfmolkerei, E. G.	nein	O	GlA 2-L	D W	2	900	24	—	6,5	4	5,5
Salzburghofen-Freilassing, Bayern, städt. E.-W. Salzburg	nein	OK	Dr 50	D W	5	1 700	60		—	—	—
Sattelpeilnstein, Oberpfalz, Adolf Schauer, Büchsenmühle	—	O	Gl 2-L	W (D)	4	250	—	—	7	—	5
Schleswig, städt E.-W.	ja	OK	GlA 3-L	D	1	19 000	229	35	300	135	—
Schmidtmühlen i. Oberpfalz . . . . . . Josef Schutzbier	—	—	—	—	—	950	—	—	—	—	—
Schmolsin, Kr. Stolp i. P., Königl. Hofkammer, Pächter O. Stubbe	nein	O	Gl u. Dr	W	5	1 600	63	10	100	—	50
Schmölz b. Garmisch i. Oberbayern . . Dr. Ludwig Gans	—	—	—	—	—	600	—	—	—	—	—
Schnabek, Post Wester-Satrup, H. C. Lei, Reg.-Bez. Schleswig	nein	O	Gl A-2-L	E	4	500	10	5	9	9	—
Schönbach bei Sebnitz, Kreishauptm. Dresden, Licht- u. Kraftwerk, A. Felgner	nein	O	Gl A u. Dr 3-L 50	W D	1	600	24	5	75	8	—

Glühlampen		Bogenlampen		Elektromotoren ausschließl. Bahnmotoren in KW	Bahnmotoren in KW	Koch- u. Heizapparate, Lichtbäder, Bügeleisen u. ähnl. in KW	Gesamter Anschlußwert in KW	Abgegebene KWStd. in Einh. von 1000	Gesamtes Anlagekapital in Einh. von 1000 Mk.	Spannung, versorgte Orte, besonderer Charakter des Ortes bezw. der versorgten Orte, Nebenbetriebe und sonstige Bemerkungen
Anzahl	in KW	Anzahl	in KW							
800	—	—	—	23	—	—	—	—	65	2×110 V. Landwirtschaft.
—	—	—	—	—	—	—	—	—	—	220 V. Hauptbetrieb Brauerei.
200	14	—	—	9,2	—	0,8	24	—	20	110 V.
600	—	—	—	25	—	—	—	—	—	2×220 V.
—	—	—	—	—	—	—	—	—	—	2×110 V. Bad.
—	—	—	—	—	—	—	—	24	90	220 V.
16 511	660,4	15	10	9 459	—	30	10 159,4	—	2 300	10 000/6000/210/120 V, 500 V Großbetriebe. Textilindustrie, Landwirtschaft. *
400	—	—	—	—	—	—	—	—	—	2×220 V.
700	20	50	33	—	—	—	54	—	150	2×220 V. Landwirtschaft. Versorgt Ort Scherfede und Bahnhof Scherfede.
1 200	—	2	0,5	6	—	—	—	6,3	26	110 V. Arbeiterbevölkerung. Nebenbetr. Mühle, bisher Hauptbetrieb.
—	—	—	—	—	—	—	—	—	300	3×/10 000/380/220 V. Drehstr. Landwirtschaft. Versorgt Antendorf, Bernien, Borstel, Deckbergen, Engern, Escher, Fuhlen, Hemeringen, Lochem Ostendorf, Westendorf.
350	20	4	5	126	—	—	151	—	—	5000/220 V. Groß- und Kleinindustrie, Hausindustrie, Landwirtschaft. Versorgt Beerheide, Brunn, Hauptbrunn, Hohengrün, Röthenbach, Rützengrün, Sorga, Wildenau.
—	—	—	—	—	—	—	—	—	—	115 V.
342	18	—	—	—	—	—	—	6	25	220 V. Höhenluftkurort und Landwirtschaft. Hauptbetrieb Molkerei.
930	45	—	—	16	—	3	64	—	—	
200	5,5	3	1,7	2	—	—	9,2	—	10	110 V. Landwirtschaft.
3 115	137	14	7	60	290	18	512	—	900	2×220 V. Bahn 550 V.
—	—	—	—	—	—	—	—	—	—	220 V.
880	49	2	4	70	—	—	123	54,8	80	Gl 220, Dr 5000/220 V. Landwirtschaft. Nebenbetriebe Molkerei und Schneidemühle. Versorgt Wilhelmshof mit Porenkenhofsthal und Selesen.
—	—	—	—	—	—	—	—	—	—	220 V.
355	5,6	—	—	25,2	—	—	30,8	4,87	—	220 V. Landwirtschaft Nebenbetr. Elektrizitätswerk, Hauptbetrieb ist Müllerei.
300	—	3	—	37	—	—	—	—	—	110 V. 2100 V. Landwirtschaft. Nebenbetriebe Steinbrüche.

* Versorgt Brockau, Brunn, Buchwald, Christgrün, Cunsdorf, Friesen, Gottesgrün, Herlasgrün, Herrmannsgrün, Irchwitz (oberer und unterer Ort), Jocketa, Kahmer, Lengenfeld, Limbach, Oberheinsdorf, Oberreichenbach, Pöhl, Reichenbach, Reinsdorf, Reuth, Rotschau, Ruppertsgrün, Schönbach, Schönfeld, Schneidenbach, Unterheinsdorf, Waltersdorf, Weisensand. — Bis Ende 1910 sollen mit Anschluß versorgt sein folgende Orte: Altensalz, Bärenwalde, Coschütz, Cospersgrün, Cossengrün, Culitzsch, Cunersdorf, Dölau, Eich, Feldwiese, Gansgrün, Grün, Hartmannsgrün, Helmsgrün, Herlagrün, Hirschfeld, Hohndorf, Irfersgrün, Kleingera, Lauterhofen, Liebau, Losa, Mohlsdorf, Neudörfel, Niedercrinitz, Obercrinitz, Obermylau, Pechtelsgrün, Pfaffengrün, Raasdorf, Rentzschmühle, Reudnitz, Reuth b. Elsterberg, Rodlera, Rothenthal, Rückisch, Scholas, Schönbrunn, Stangengrün, Sunsdorf b. Elsterberg, Thoßfell, Thürnhof, Voigtsgrün, Waldkirchen, Wendischrottmannsdorf, Wetzelsgrün, Wipplas, Wolfersgrün, Wolfspfütz.

Name und Postadresse des Ortes. Eigentümer des Elektrizitätswerkes	Ist ein Gaswerk vorhanden?	Leitungsnetz	Stromart und Frequenz	Betriebskraft (Reserve in Klammern)	Anzahl der Betriebsjahre	Einwohnerzahl des Ortes bezw. der versorgten Orte	Angeschlossene Zähler für		Normale Maschinenleistung einschließl. Reserve in KW	Normale Akkumulatorenleistung einschließl. Reserve in KW	Maximale Belastung in KW
							Licht	Kraft			
Schöningen, Herzgt. Braunschweig, Braunschweigische Elektrizitäts-Betriebsgesellschaft m. b. H.	ja	OK	Dr 50	D	1	30 000	—	—	—	—	—
Schreibersdorf, Kr. Lauban, El.-Gen., e. Gen. m. b. H.	—	O	Dr	T	1	1 600	85	35	—	—	---
Schweina, Sachs.-Meiningen, ... Gemeinde-E.-W.	nein	O	Gl A 3-L	E	1	3 600	126	12	51	26	—
Schwerin, Reg.-Bez. Posen, Überlandzentrale Birnbaum — Meseritz-Schwerin, e. Gen. m. b. H.	—	O	Dr 3-L	W (D)	1	—	774	317	1 500	—	600
Schwüblingen, Post Dollbergen, Reg.-Bez. Lüneburg	nein	O	Gl A 3-L	E	1	400	45	24	92	30	90
Siebenlehn i. Sa., Kreish. Dresden, E.-W. für Siebenlehn und Umgegend, e. Gen. m. b. H.	nein	O	GlA 3-L	E	1	2 469	168	20	23	16	26
Sontheim a. B., O.-A. Heidenheim .. Friedr. Ströhle	nein	O	GlA 3-L	W E	1	1 600	95	7	30	47	22
Spangenberg, Reg.-Bez. Cassel, Meurer & Comp.	nein	O	GlA 2-L	D W	10	2 000	50	5	40	70	35
St. Andreasberg i. H., Zimmermeister W. Bode	—	—	—	—	—	—	—	—	—	—	—
Stadtprozelten a. Main, Kgr. Bayern, Clemens Söller, Dampfsägewerk u. Parkettfabrik	nein	O	GlA 2-L	D (E)	1	1 000	38	—	10	7,3	3,96
Steele-Ruhr, städt. E.-W.	ja	K	Dr 50	T	2	14 000	107	38	—	—	—
Steinach a. St. b. Gestungshausen, Herzogt. Coburg, El.- u. Mühlenwerke Weiß & Söhne	nein	O	GlA 3-L	W (D)	5	1 500	24	9	55	24	26,5
Steinbach bei Bad Liebenstein, Kreis Meiningen, Paul Klepsch	nein	O	GlA 2-L	W E	5	1 700	45	8	12	8	—
Steinbusch b. Woldenberg, N.-M., ... Brandenburgische Carbid- und Elektrizitätswerke Berlin	—	—	Dr	—	1	—	—	—	450	—	—
Stein - Chemnitztal, Bezirk Leipzig, A. Haferkorn	nein	O	GlA 2-L	E	1	1 000	52	23	30	16	28
Steinhöring, Oberbayern, Gebr. Höfter, Brauereibesitzer	nein	O	GlA 2-L	W (D)	—	360	5	—	13	10	—
Steinhude, Fürstentum Schaumburg-Lippe, W. D. Seegers Lederfabrik	nein	O	Dr	D	2	1 800	—	12	75	—	65
Stepenitz, Kreis Cammin, Pommern, H. Karow	nein	O	GlA 2-L	E	3	3 000	46	9	14	10	15
Stiehlings, Regier.-Bezirk Schwaben, Georg Kesel	—	—	Gl 2-L	—	—	—	—	—	8	—	—
Stradannen, Kr. Lyck, Regier.-Bezirk Allenstein, Mühlengutspächter A. Schulz	nein	O	—	W	1	2 000	6	—	3	5	—
Straschin-Prangschin, Reg.-Bezirk Danzig, Überlandzentrale des Kreises Danziger Höhe	nein	O	Dr 50	W	2	50 158	226	43	1 100	—	—

| Angeschlossene | | | | | | | Gesamter Anschlußwert in KW | Abgegebene KWStd. in Einh. von 1000 | Gesamtes Anlagekapital in Einh. von 1000 Mk. | Spannung, versorgte Orte, besonderer Charakter des Ortes bezw. der versorgten Orte, Nebenbetriebe und sonstige Bemerkungen |
| Glühlampen | | Bogenlampen | | Elektromotoren ausschließl. Bahnmotoren in KW | Bahnmotoren in KW | Koch- u. Heizapparate, Lichtbäder, Bügeleisen u. ähnl. in KW | | | | |
Anzahl	in KW	Anzahl	in KW							
—	—	—	—	—	—	—	—	—	—	10000/8000/3×220 bez. 125 V. Industrie, Landwirtschaft und Solbad. An die Herzogliche Saline werden Heizgase und Abdampf abgegeben. Versorgt 25 braunschweigische Ortschaften.
1 100	55	4	—	121,5	—	—	176,5	—	40	Landwirtschaft.
1 800	—	—	—	40	—	4	—	—	135	2×110 V. Spinnerei und Pfeifenfabr., Messerfabrik.
10 063	503	—	—	3 176	—	—	3 000	—	3 200	15000/220 V. Landwirtschaft. *
450	—	—	—	85	—	2	—	11	30,6	2×110 V. Landwirtschaft. Nebenbetr. Sägewerk, Mühle, Drescherei.
1 212	31,3	—	—	46,8	—	—	78,1	—	62	2×110 V. Kleinindustrie und Landwirtschaft. Versorgt Breitenbach b. Siebenlehn.
600	—	—	—	—	—	—	—	—	45	2×220 V. Landwirtschaft.
1 200	—	3	—	—	—	—	—	—	—	110 V.
—	—	—	—	—	—	—	—	—	—	
250	—	2	0,88	—	—	1,95	—	29,7	11	110 V. Landwirtschaft. Hauptbetrieb Dampfsägewerk und Parkettfabrik.
2 739	150,6	76	36	155,7	—	4,8	347,1	138	—	110 und 220 V. Kleinindustrie.
1 385	45	—	—	45	—	5,5	95,5	30	75	2×110 V. Hausindustrie und Landwirtschaft. Nebenbetrieb Mahl- u. Sägemühle. Versorgt die Orte Mitwitz und Nenndorf in Bayern.
1 100	—	—	—	20	—	—	—	—	28	110 V. Groß- und Kleinindustrie, Hausindustrie und Landwirtschaft. Nebenbetrieb Installationsgeschäft.
—	—	—	—	—	—	—	—	—	—	Versorgt Überlandzentrale Deutsch-Krone.
730	50	—	—	37,8	—	—	87,8	—	45	220 V. Versorgt Stein, Diethensdorf und Göritzhain.
430	—	—	—	—	—	—	—	—	—	
—	—	—	—	—	—	—	—	12,4	55	220 V. Landwirtschaft, Brauerei.
600	28	—	—	24	—	—	52	12	40	220 V.
—	—	—	—	—	—	—	—	—	—	220 V.
155	—	—	—	—	—	—	—	—	—	
4 527	242	23	14	392	—	—	648	127	—	15000/8000/3×220 V. Landwirtschaft, Hausindustrie. Versorgt Emaus, Ohra, Oliva, Praust, außerdem noch 15 kleinere Ortschaften.

* Versorgt: Stadtgemeinden: Betsche, Kr. Meseritz, Birnbaum, Kr. Birnbaum (nur Kraft), Blesen, Kr. Schwerin, Brätz, Kr. Meseritz, Königswalde N. M., Kr. Oststernberg, Schwerin a. W., Kr. Schwerin. Dorfgemeinden: a) Kreis Schwerin a W.: Falkenwalde, Gollmütz, Oscht, Poppe, Prittisch, Rokitten, Semmritz; b) Kreis Meseritz: Altenhof, Bauchwitz, Hochwalde, Kainscht, Kalau, Paradies-Jordan, Pieske; c) Kreis Schwiebus-Züllichau: Leimnitz, Muschten, Oggerschütz, Starpel, Steutsch; d) Kreis Ost-Sternberg: Burschen, Langenpfuhl, Schönow, Seeren, Tempel.

24

Name und Postadresse des Ortes. Eigentümer des Elektrizitätswerkes	Ist ein Gaswerk vorhanden?	Leitungsnetz	Stromart und Frequenz	Betriebskraft (Reserve in Klammern)	Anzahl der Betriebsjahre	Einwohnerzahl des Ortes bezw. der versorgten Orte	Angeschlossene Zähler für Licht	Angeschlossene Zähler für Kraft	Normale Maschinenleistung einschließl. Reserve in KW	Normale Akkumulatorenleistung einschließl. Reserve in KW	Maximale Belastung in KW
Sulmingen, Post Repfingen, Württb. . . . Bernhard Diem, Mühle u. E.-W.	nein	O	GlA 2-L	W	2	374	15	3	8,5	10	20
Sulzbach am Kocher, Oberamt Gaildorf, Württemberg, Gemeinde-E.-W.	nein	O	GlA	W	1	536	30	—	14	—	—
T											
Tambach, Herzogt. Gotha, Gemeinde	nein	O	Gl 2-L	W D	2	3000	150	14	70	—	—
Tauberrettersheim, Unterfranken . . . . Christian Müller	—	—	Gl 2-L	W (E)	8	700	—	—	—	—	—
Teinach bei Calw, Gustav Schröfel .	nein	—	GlA 2-L	W	5	400	—	3	12	—	12
Teising, Post Tußling, Oberbayern . . . Lorenz Ferner	—	—	Gl 2-L	W	2	392	—	—	8	—	6
Thalermühle siehe **Erlangen.**											
Thalmässing, Mittelfranken (Bayern) . . Genossenschaftl. E.-W.	nein	O	W	E	1	1 102	73	10	—	—	—
Theusdorf b. Geithain, Sachsen	—	—	—	—	—	—	—	—	—	—	—
Tiefenbronn b. Pforzheim, Gebr. Heß	—	O	GlA 2-L	D	—	750	—	—	30	20	—
Titisee b. Freiburg, Franz Winterhold	—	—	—	—	—	550	—	—	—	—	—
U											
Uderwangen, Kreis Pr.-Eylau, J. Sachsze	nein	O	GlA 2-L	D W (E)	6	1 100	25	—	64	12	30
Uerdingen a. Rhein, städt. E.-W. . . .	ja	K	Dr 3-L 50	T	1	10 000	88	19	—	—	—
Unterhausen, Reg.-Bez. Reutlingen, Württbg., Gebrüder Rieger	nein	O	GlA 2-L	W D	5	2 200	50	6	62	24	44
Untertalheim, Post Gündringen, Schwarzwaldkreis, Württemberg, Martin Lutz	nein	OK	GlA 2-L	E	4	1 300	—	—	10	4	—
V											
Vagen i. Oberbayern, Gemeinde-E.-W.	—	OK	GlA 2-L	—	—	452	—	—	—	—	—
Velden a. Vils, Niederbayern, Markt- gemeinde	nein	O	GlA 2-L	E	2	1 613	80	16	14	5	13
Versbach b. Würzburg, Bayern . . . . . Georg Freund	nein	O	GlA 2-L	W (E)	2	1 400	40	2	12	8	6
Vornbach i. Bayern, J. Geißelberger, Höchfelden	—	—	Gl 2-L	—	—	900	—	—	—	—	—
W											
Wabern b. Kassel, A. Mose, Säge- werksbesitzer	nein	O	GlA 2-L	—	1	1 750	50	8	44	17,6	16
Wachendorf, Kr. Syke, Reg.-Bez. Hannover, D. Koopmann, Mühle	nein	O	GlA 2-L	E	1	500	19	5	17,5	10	18,7
Wallenfels i. Oberfranken, Joh. Müller	nein	O	GlA 3-L	E	—	1 700	—	—	—	—	—
Wallensen i. Hannover, E.-W., Wal- lensen, e. Gen. m. b. H.	nein	—	GlA 3-L	D	1	1 000	32	12	23	4	—
Waltenhofen i. Schwaben, Bayern . . . Fritz Hölte	nein	O	GlA 2-L	E (E)	4	1 400	33	8	42	8	—

Glühlampen Anzahl	Glühlampen in KW	Bogenlampen Anzahl	Bogenlampen in KW	Elektromotoren ausschließl. Bahnmotoren in KW	Bahnmotoren in KW	Koch- u. Heizapparate, Lichtbäder, Bügeleisen u. ähnl. in KW	Gesamter Anschlußwert in KW	Abgegebene KWStd. in Einh. von 1000	Gesamtes Anlagekapital in Einh. von 1000 Mk.	Spannung, versorgte Orte, besonderer Charakter des Ortes bezw. der versorgten Orte, Nebenbetriebe und sonstige Bemerkungen
300	—	—	—	—	—	—	—	—	15	220 V. Landwirtschaft. Nebenbetrieb Mühle.
300	—	—	—	—	—	—	—	—	15	
1 500	—	4	—	35	—	—	—	30	60	220 V. Badeort.
350	—	—	—	17	—	—	—	—	—	110 V.
250	—	—	—	—	—	—	—	—	25	110 V.
200	—	—	—	—	—	—	—	—	40	220 V. Hauptbetr. Mühle und Schneidesäge. Versorgt Kloster Heiligenstatt.
600	—	—	—	—	—	—	—	—	42	110 V. Gewerbe und Landwirtschaft.
—	—	—	—	—	—	—	—	—	—	
—	—	—	—	—	—	—	—	—	—	220 V.
—	—	—	—	—	—	—	—	—	—	
700	20	4	2	25	—	2	49	5	18	220 V. Landwirtschaft. Hauptbetr. Mahlmühle mit Sägewerk.
900	49,5	—	—	59,4	—	—	108,9	—	70	3 × 220 V. Großindustrie: chem. und Ölfabriken, Maschinenfabriken, Sägewerke usw.
1 050	33,6	—	—	47,5	—	5,5	86,6	—	—	225 V. Bedeutende Industrie und Landwirtschaft. Versorgt Oberhausen.
82	—	—	—	28	—	—	—	—	23	220 V. Hauptbetrieb Gipswerk. Versorgt Unter- und Obertalheim; doch wird das Werk im Laufe dieses Sommers zu Drehstrom auf 120 PS in weiteren drei Gemeinden ausgebaut werden.
—	—	—	—	—	—	—	—	—	—	220 V.
1 200	48	—	—	25,5	—	2	75,5	12,5	45	220 V.
500	15	2	—	2	—	—	—	6	20	110 V. Arbeiter und Landwirtschaft.
—	—	—	—	—	—	—	—	—	—	220 V.
500	20	—	—	6	—	1	27	—	30	220 V. Hauptbetrieb: Sägewerk. Versorgt später Niedermöllrich mit ca. 550 Einwohner und Bahnhof Wabern.
300	12	—	—	32	—	1,1	45,1	—	—	220 V. Landwirtschaft u. Schweinezüchterei, Müllerei. Elektrizitätserzeugung ist Nebenbetrieb. Versorgt Falldorf.
—	—	—	—	—	—	—	—	—	—	2 × 110 V. Hauptbetr. Rahmenfabrik.
195	—	—	—	—	—	—	—	—	36	2 × 110 V. Landwirtschaft und Klein-Gewerbe.
450	20	—	—	26	—	1,3	47,3	—	—	220 V. Versorgt Fischen und Rauns.

Name und Postadresse des Ortes. Eigentümer des Elektrizitätswerkes	Ist ein Gaswerk vorhanden?	Leitungsnetz	Stromart und Frequenz	Betriebskraft (Reserve in Klammern)	Anzahl der Betriebsjahre	Einwohnerzahl des Ortes bezw. der versorgten Orte	Angeschlossene Zähler für		Normale Maschinenleistung einschließl. Reserve in KW	Normale Akkumulatorenleistung einschließl. Reserve in KW	Maximale Belastung in KW
							Licht	Kraft			
Wandsbek, Reg.-Bez. Schleswig, städt. E.-W.	ja	K	GlA 3-L	E	1	35 000	380		325	95	210
Warmbrunn i. R., Gemeinde-E.-W. . .	ja	O	Dr	T	1	4 500	110	29	—	—	—
Wartenberg b. Erding, Oberbayern, Josef Busler	nein	—	GlA 2-L	W (E)	1	1 000	10	20	50	26,4	—
Wasserliesch b. Trier, Friedrich Hoffmann	nein	—	GlA 3-L	W (D)	2	1 600	36	2	26	12	—
Wedehorn, Post Neuenkirchen, Kreis Syke, Rgbez. Hannover, Sudhop, Mühlenbesitzer	nein	O	GlA 2-L	E	1	300	1	1	6,6	3	5
Weferlingen a. Aller, Pr. Sachsen, . . Überlandzentrale Weferlingen, Leitungsgenossenschaft	nein	O	Dr 50	D	1	58 000	2500	500	2 000	—	—
Weikersheim, Württbg., O. A. Mergentheim, Joh. Schaffert	nein	—	Gl 2-L	W (D)	12	2 000	70	4	70	—	—
Weitnau, Schwaben, Joh. Ad. Braun	nein	O	GlA 3-L	W (E)	1	300	—	—	17	—	—
Wenenmühle, Post Alerheim i. Schwaben, Friedr. Hauck	nein	K O	Dr 4-L 50	W (E)	—	4 100	92	110	100	—	—
Werne a. d. Lippe, Westfalen, städt. E.-W.	nein	KO	GlA 3-L	D	1	4 000	265	20	82	32	82
Wersau, Post. Brensbach i. O., Großh. Hessen, Georg Horn	nein	O	GlA 2-L	W (D)	12	1 200	20	6	2	8	—
Wieren i. Hannover, Regbez. Lüneburg, Mühlen- und Elektrizitätswerk F. Schulz	nein	O	GlA 2-L	D (W)	1	800	48	19	45	35	40
Wiesau i. Oberpfalz, K. b. Staatseisenbahn	nein	K	GlA 3-L	E	5	1 500	4	2	80	37	60
Wildenreuth, Oberpfalz, Friedrich Karl Freiherr v. Podewil	nein	O	GlA 2-L	E	5	350	10	4	9	6,6	10
Wilhelmshaven, Bezirk Aurich . . . . städt. E.-W.	ja	O K	Dr 50	—	1	34 000	560	30	—	—	—
Winhöring b. Mühldorf, Oberbayern . . Gg. Viellehner	nein	O	GlA 2-L	W	10	370	18	4	3,5	3	8
Winseldorf i. Schleswig-Holstein, Post Itzehoe, Bahnstation Lockstedter Lager, Franz Salberg	—	O	GlA 2-L	W (E)	1	200	15	—	11	6	4
Winterberg i. W., städt. E.-W.	nein	O	GlA 3-L	D	1	1 541	150	10	70	35	—
Wohlau, Bez. Breslau, Gebrüder . . Steinert	ja	KO	GlA 2-L	D	8	6 000	28	3	50	16	—
Wörth a. D., Bayern, R. Heider & Comp.	nein	O	Dr 50	W (E)	—	—	—	—	—	—	—

| Angeschlossene | | | | | | | Gesamter Anschlußwert in KW | Abgegebene KWStd. in Einh. von 1000 | Gesamtes Anlagekapital in Einh. von 1000 Mk. | Spannung, versorgte Orte, besonderer Charakter des Ortes bezw. der versorgten Orte, Nebenbetriebe und sonstige Bemerkungen |
| Glüh-lampen | | Bogen-lampen | | Elektromotoren ausschließl. Bahnmotoren in KW | Bahnmotoren in KW | Koch- u. Heizapparate, Lichtbäder, Bügeleisen u. ähnl. in KW | | | | |
Anzahl	in KW	Anzahl	in KW							
6 700	368,5	89	61,2	247,5	—	—	677,2	—	700	2×220 V. Etwas Industrie und Villenort.
2 500	—	—	—	57,6	—	—	—	—	100	10 000/120/220 V. Badeort.
150	—	—	—	—	—	—	—	—	80	220 V. Elektrizitätswerk befindet sich in Mitterlern und versorgt Berglern, Glaslern, Mitter- u. Niederlern. Nebenbetrieb Kunstmühle.
700	—	—	—	10	—	—	—	5	25	2×110 V. Hauptbetrieb Mahlmühle.
60	—	—	—	—	—	—	—	0,2	6	110 V. Landwirtschaft. Mühle (Hauptbetrieb).
25 000	1 313	—	—	1 160	—	—	2 473	—	2 500	15 000/120/210 V. Nebenbetr. Landwirtschaft, Mühlen, Ziegeleien, Molkereien. Zentrale Harbker Kohlenwerke in Harbke.*
300	—	—	--	—	—	—	—	12	—	125 V. Nebenbetr. Sägewerk.
—	—	—	—	7	—	—	—	—	10	2×110 V. Marktflecken. Hauptbetrieb Sägewerk.
—	—	—	—	—	—	—	—	—	150	3000 210/110 V.
1 800	—	—	—	63	—	—	—	33	158	2×110 V. Handwerksbetriebe und Landwirtschaft.
—	—	—	—	—	—	—	—	—	—	110 V. Nebenbetr. Schneid- und Mahlmühle. Versorgt die Gemeinde Brensbach.
800	—	—	—	155	—	—	—	14	45	220 V. Landwirtschaft. Nebenbetr. Mühle und Sägewerk. Versorgt Drohe.
355	15,5	40	21,4	23	—	—	59,9	95	182,9	2×115 V. Bahnbeleuchtung ist Hauptbetrieb, an Private Nebenbetrieb. Die Angaben gelten für beide zusammen.
130	3	—	—	14,8	—	0,4	18.2	—	25	110 V. Ohne Industrie.
5600	280	20	12	117	—	—	409	—	350	5000/3×208 und 3×120 V.
263	—	—	—	—	—	—	—	—	8	110 V.
250	—	—	—	—	—	—	—	1,5	—	110 V. Landwirtschaft. Müllerei ist Hauptbetrieb.
1 500	75	4	1,7	48	—	—	125	--	75	2×220 V. Luftkurort. Wintersportplatz.
1 200	—	6	—	—	—	—	—	18	—	1!0 V. Hauptbetrieb Mühle.
—	—	--	—	—	—	—	--	—	—	10000/5250/380/220 V. Landwirtschaft. Versorgt Sand, Hungersdorf, Oberachdorf, Pfatter, Kiefenholz.

*) Versorgt Ahmstorf, Alleringersleben, Almke, Althaldensleben, Altenhausen, Altenhausen (Gutsbezirk), Alvensleben, Dorf, Alvensleben Markt, Alvensleben (Gutsbezirk), Badeleben, Badeleben (Gutsbezirk), Bahrdorf (Domäne), Bahrdorf (Gemeinde), Beendorf, Behnsdorf, Beienrode (Gemeinde), Beienrode (Rittergut), Belsdorf (Gemeinde), Bodendorf, Böddensell, Böddenseel (Gutsbezirk), Bösdorf, Bregenstedt, Breitenrode, Bülstringen, Danndorf, Döhren, Dönstedt (Gemeinde), Dönstedt (Gutsbezirk), Ehmen, Eickendorf, Eimersleben (Gemeinde), Emden, Emden (Gutsbezirk), Erxleben, Erxleben II (Gutsbezirk), Eschenrode, Etingen, Everingen, Fallersleben, Flechtingen (Gemeinde), Flechtingen (Gutsbezirk), Gehrendorf, Glentorf, Grasleben, Grauingen, Groppendorf, Groppendorf (Gutsbezirk), Gr. Sisbeck, Gr. Twülpstedt, Hakenstedt (Gemeinde), Hakenstedt (Gutsbezirk), Harbke (Gutsbezirk), Harbke (Gemeinde), Hasselburg (Gutsbezirk), Hehlingen, Heiligendorf, Hödingen, Hörsingen, Jvvenrode, Kathendorf, Keindorf, Kl. Bartensleben, Kl. Sisbeck, Kl. Steimke, Kl. Twülpstedt, Lockstedt, Mackendorf, Mannhausen, Meinkoth, Mieste, Miesterhorst, Morsleben, Mörse, Neindorf, Neuhaus (Domäne), Niendorf, Nordsteimke, Ochsendorf, Papenrode, Querenhorst, Rätzlingen, Reislingen, Rennau, Rhode, Ribbensdorf, Rickensdorf, Rottorf, Rümmer, Saalsdorf, Satuelle, Schwanefeld, Seggerde, Siestedt, Sommerschenburg (Gemeinde), Sommerschenburg (Gutsbezirk), Süplingen, Uhrsleben, Uhrsleben (Gutsbezirk), Uhry (Gemeinde), Uhry (Rittergut), Velpke, Velsdorf, Veltheimsburg, Volkmarsdorf, Vorsfelde, Wahrstedt, Walbeck, Wassensdorf, Weddendorf, Wefebsleben, Weferlingen (Gemeinde), Weferlingen (Gutsbezirk), Wegenstedt, Wulfersdorf, Zillbeck bei Wegenstedt.

Name und Postadresse des Ortes. Eigentümer des Elektrizitätswerkes	Ist ein Gaswerk vorhanden?	Leitungsnetz	Stromart und Frequenz	Betriebskraft (Reserve in Klammern)	Anzahl der Betriebsjahre	Einwohnerzahl des Ortes bezw. der versorgten Orte	Angeschlossene Zähler für		Normale Maschinenleistung einschließl. Reserve in KW	Normale Akkumulatorenleistung einschließl. Reserve in KW	Maximale Belastung in KW
							Licht	Kraft			
Wörth a. Isar, Niederbayern, Landwirtschaftliche Überlandzentrale, Genoss. m. b. H.	nein	O	Dr 3-L 50	EW	2	8 000	18	18	150	—	—
Würm, Amt Pforzheim, G. Mönch .	nein	O	GlA 2-L	W	5	1 000	—	—	20	5	—
Wullenstetten i. Schwaben, Bayern. . . Elektr.-Gen. für die Gemeinde Wullenstetten, e. Gen. m. b. H.	nein	O K	Dr	T	—	450	18	28	—	—	—
Z											
Zell i. Oberfranken, Max Kohlmann .	nein	O	GlA 3-L	D	2	1 400	5		14,5	8	—
Ziegenhain, Reg.-Bez. Cassel . . . . Gemeinde E.-W.	nein	O	GlA 3-L	D W	1	2 000	115	—	35	8,7	15

Angeschlossene							Gesamter Anschlußwert in KW	Abgegebene KWStd. in Einh. von 1000	Gesamtes Anlagekapital in Einh. von 1000 Mk.	Spannung, versorgte Orte, besonderer Charakter des Ortes bezw. der versorgten Orte, Nebenbetriebe und sonstige Bemerkungen
Glüh-lampen		Bogen-lampen		Elektromotoren ausschließl. Bahnmotoren in KW	Bahnmotoren in KW	Koch- u. Heizapparate, Lichtbäder, Bügeleisen u. ähnl. in KW				
Anzahl	in KW	Anzahl	in KW							
1 000	50	—	—	130	—	—	180	30	170	220 V. 5000 V. Landwirtschaft. Nebenbetr. Sägewerk. Versorgt Altheim, Eisenbach, Peuerbach, Grießenbach, Mestenbach. Nieder-Aichbach, Nieder-Viehbach, Oberköllnbach, Pastau, Unholzing, Wattenbach.
—	—	—	—	—	—	—	—	—	—	220 V.
140	—	—	—	80	—	—	—	15	15	220 V. Bauerndorf.
150	—	—	—	—	—	—	—	—	—	2×220 V. Hauptbetrieb mech. Weberei.
1 200	60	—	—	—	—	—	60	—	150	2×120 V. Landwirtschaft. Kleinindustrie. Zuchthaus.

B. Im Bau begriffene bezw. fest beschlossene Elektrizitätswerke.

Name und Postadresse des Ortes / Eigentümer des Elektrizitätswerkes	Ist ein Gaswerk vorhanden?	Leitungsnetz	Stromart und Frequenz	Betriebskraft (Reserve in Klammern)	Voraussichtliche Betriebseröffnung	Einwohnerzahl des Ortes bezw. der versorgten Orte	Spannung, besonderer Charakter des Ortes bezw. der versorgten Orte, Nebenbetriebe und sonstige Bemerkungen.
Altendorf, Post Holzminden i. Braunschweig, A. Krösche	—	—	—	—	—	—	
Altenstadt, Württemberg, Alb - E. - W. Geislingen-Stg., G. m. b. H.	—	—	Dr	D (W)	—	—	5000 V.
Alt-Oels, Kr. Bunzlau, Gutsbesitzer A. Elsner	—	—	—	—	—	—	
Amsdorf b. Wansleben, Bez. Halle a. S., Elektr. - Leitungsgenoss. - Überlandzentr. Amsdorf, e. Gen. m. b. H.	nein	O	Dr 50	—	—	—	225/125 V.
Andernach a. Rhein, städt. E.-W. . . .	ja	OK	Gl 3-L	E	—	9 600	2×220 V.
Ansbach, Mittelfranken, städt. E.-W. .	ja	OK	Dr 4-L 50	T	—	18 479	210/120 V.
Ansbach, Mittelfranken, Mittelfränkische Überlandzentrale, E.-A. vorm. Schuckert & Co., Nürnberg	—	O	Dr 50	E	—	—	20 000/120/210 V. Landwirtschaft. Versorgung einer größeren Anzahl Orte in Mittelfranken und darüber hinaus projektiert.
Arnsberg, Westfalen, Überlandzentrale	—	—	—	—	—	—	
Bachhagel, Post Lauingen (Bayern), E.-W. für das Bach- u. Egautal, e. Gen. m. b. H.	nein	O	Dr 50	E	—	20 000	10 000/5000/200 V. Landwirtschaft. Nebenbetr. Mühlen, Molkerei, Brauereien, Wasserwerke. *
Bächingen a. Brenz, Bez. - Amt Dillingen a. D., Alois Hartleitner	nein	O	Dr 3-L	W (E)	—	2 040	3000 bezw. 120 V. Landwirtschaft. Nebenbetr. Mühle. Versorgt Brenz a. Brenz (Württbg.), Obermedlingen (Bayern).
Baechlingen bei Langenburg (Württemberg), Ludwig Pfisterer, Mosesmühle	nein	O	Gl A 2-L	W (E)	1910	300	110 V. Hauptbetr. Getreidemühle und Sägemühle. Landwirtschaft.
Beihingen-Pleidelsheim, E.-W. - A.-G. in Ludwigsburg (Württbg.) siehe **Ludwigsburg.**			•				
Berga a. Elster, Großh. S.-Weimar. . . E.-W. d. Elstertales, e. Gen. m. b. H.	ja	O	Dr 50	D	1910	70 000	25 000/10 000/210/120 V. **
Bernstadt i. Sa., Kreishauptmannschaft Bautzen, städt. E.-W.	nein	O	Gl A 3-L	W (E)	1910	2 000	2×110 V. Nebenbetr. Kühlanlage für Fleischer. Versorgt Kunersdorf.
Blomberg b. Detmold, städt. E.-W. . .	--	—	—	—	—	—	
Blumenwiese, Reg. - Bez. Bromberg, G. m. b. H.	—	O	Dr 50	W	—	—	210/120 V.
Börde, Regierungsbezirk Magdeburg. . . E. - W. Überlandzentrale e. Gen. m. b. H.	—	O	Dr 50	—	—	—	Versorgt Kreise: Wolmirstedt, Wanzleben, Neuhaldensleben, Kalbe, Jerichow.
Borkendorf, Post Kramske, Reg. - Bez. Marienwerder, Brandenburgische Carbid- und Elektrizitätswerke, Berlin	—	—	Dr	W	1911	—	15 000/3000 V. Versorgt Kr. Deutsch-Krone. Kr. Flatow. Stadt Schneidemühl.
Braunsbach, O.-A. Künzelsau . . . . G. m. ub. H.	—	—	—	—	—	—	
Breddin, Reg.-Bez. Potsdam, Elektrizitätswerk für Breddin und Umgegend, G. m. b. H.	nein	O	Dr 50	D	1910	3 000	6000/3×220 V. Landwirtschaft und Handwerk. Nebenbetrieb Sägewerk Versorgt Barenthin, Kümmernitz, Kötzlin.

* Versorgt Altenberg, Auernheim, Bachhagel, Ballhausen, Ballmertshofen, Bergheim, Burghagel, Dattenhausen, Dischingen, Dunstelkingen, Eglingen, Fleinheim, Frauenriedhausen, Frickingen, Großkuchen, Haunsheim, Landshausen, Kleinkuchen, Nattheim, Nehresheim, Oberbechingen, Oberfinningen, Oggenhausen, Sachsenhausen, Staufen, Trugenhofen, Unterbechingen, Unterfinningen, Untermedlingen, Wittislingen, Ziertheim, Zöschingen.
** Versorgt 189 Orte, sämtlich im 5. Verwaltungsbezirk des Großh. S.-Weimar und der angrenzenden Teile der übrigen Thür. Staaten, wie: Reuß j. L., Reuß ä. L., Altenburg, S.-Meiningen und Kgr. Sachsen, gelegen.

Name und Postadresse des Ortes / Eigentümer des Elektrizitätswerkes	Ist ein Gaswerk vorhanden?	Leitungsnetz	Stromart und Frequenz	Betriebskraft (Reserve in Klammern)	Voraussichtliche Betriebseröffnung	Einwohnerzahl des Ortes bezw. der versorgten Orte	Spannung, besonderer Charakter des Ortes bezw. der versorgten Orte, Nebenbetriebe und sonstige Bemerkungen.
Breslau, Elektrizitätswerk Schlesien, A.-G.	—	OK	Dr 50	—	1910	—	Drehstrom 2000/120/210V. Industrie und Landwirtschaft Versorgt Landkreis Breslau, Brieg, Neumarkt, Nimptsch, Ohlau, Öls, Schweidnitz, Strehlen, Trebnitz und Wohlau.
Calw, Schwarzwald, städt. E.-W.	—	—	Gl	—	—	—	220 V.
Daufenbach, Reg.-Bez. Trier, J. Heinzkyll	—	O	Dr	W	—	—	220 V. 5000 V. Nebenbetr. Mühle.
Dermbach, Sa.-W.-E., Maurermeister Diel	—	—	—	—	—	—	
Dettelbach Unterfranken . . . . Gemeinde-E.-W.	—	—	—	—	—	—	
Dettingen a. Alb, Württbg. . . . . . . Ziegeleigenoss. m. b. H.	—	O	GlA 3-L	D	—	1 040	2 × 220 V.
Dillenburg, Hessen-Nassau, städt. E.-W.	—	—	—	—	—	—	Bezieht Strom vom Hessen-Nassauischen Hüttenverein (Hochofenwerk Oberscheld).
Eggenfelden, Niederbayern, Überlandzentrale	—	—	—	—	—	—	Versorgt Eggkofen, Erharting, Feichten, Friding, Massing, Mösling, Neumark a. R., Ober- und Unterrohrbach, Stetten, St. Veit, Tegernbach.
Enzberg, O.-A. Maulbronn (Württbg.) . . Gemeindeverband Elektrizitätswerk Enzberg	nein	O	Dr	W (E)	—	30 000	
Flatow, Westpr., Reg.-Bez. Marienwerder, Überlandzentrale Flatow, e. Gen. m. b. H.	—	O	Dr 50	T	—	—	15000/500 bezw. 220 V. Größtenteils Landwirtschaft. Versorgt Kreis Flatow.
Friedland i. Mecklbg. . . . . Überlandzentrale A.-G.	—	OK	Dr 50	—	—	8 000	220 V.
Gabersee i. Oberbayern, Oberbay. Heil- und Plegeanstalt	nein	K	GlA 3-L	D	—	2 100	2 × 110 V. Das Werk soll hauptsächlich für eigenen Bedarf dienen.
Gau-Algesheim, Hessen, Gemeinde E.-W.	—	—	—	—	—	—	
Gau Algesheim, Kr. Bingen, Großh. Hessen, Gebr. Avenarius	ja	O	GlA 3-L	E (E)	—	2 800	2 × 110 V. Landgemeinde.
Görlitz, Überlandzentrale städt. E.-W.	—	—	Dr	—	—	—	Versorgt die Kreise Freystadt, Sagan. Sorau und Sprottau.
Grafenthal i. Thüringen, Sachsen-Meiningen, Carl Gaudlitz	nein	—	GlA 2-L	E D	1910	3 000	220 V.
Großenhain, Kgr. Sachsen, Gemeinde-Verband.Elektr.Überlandzentrale, Großenhain-Oschatz-Meißen	—	—	Dr	—	—	—	
Gr. Lafferde, Kr. Peine, Wilh. Lampe	—	—	—	—	—	—	Mühle.
Halle a. S., Elektrische Überlandzentrale Saalkreis-Bitterfeld, e. Gen. m. b. H.	—	O	Dr 50	D	—	80 000	15 000/500/210/120 V. Landwirtschaft.
Hammermühle b. Overath . . . . Reg.-Bez. Köln, Wwe. Joh. Schumacher	nein	O	GlA 3-L	W (D)	1910	500	2 × 220 V. Nebenbetr. Sägewerk und Mahlmühle.
Haßgau-Lauertal, Kraftgenossenschaft e. Gen. m. b. H., Stadtlauringen in Bayern	nein	O	Dr 50	W (E)	1910	11 000	10000/220/110 V. Landwirtschaft und Kleinindustrie. Versorgt 22 Ortschaften.
Hettenhausen, Reg.-Bez. Cassel . . .	—	—	—	—	—	—	
Hirschfelde b. Zittau i. Sa., Elektrizitäts-Lieferungs-Gesellschaft	—	--	Dr	D	—	—	40 000/6000 V.
Hochspeyer, Pfalz, Bau- und Betriebsgesellschaft Elektrischer Licht- und Kraftzentralen, Fischer & Hollacks, Zweigniederlassung Frankfurt a. Main	nein	O	GlA 2-L	E	1910	3 500	220 V.

Name und Postadresse des Ortes / Eigentümer des Elektrizitätswerkes	Ist ein Gaswerk vorhanden?	Leitungsnetz	Stromart und Frequenz	Betriebskraft (Reserve in Klammern)	Voraussichtliche Betriebseröffnung	Einwohnerzahl des Ortes bezw. der versorgten Orte	Spannung, besonderer Charakter des Ortes bezw. der versorgten Orte, Nebenbetriebe und sonstige Bemerkungen.
Hohebach, O.-A. Künzelsau, Württemberg, W. Roesler	nein	O	Dr 50	W (D)	—	6 000	210/120 V. Landwirtschaft. Versorgt Adolzhausen, Ailringen, Apfelbach, Döstel, Hachtel, Herbsthausen, Herrenzimmern, Hollenbach, Pfitzingen, Rot, Wachbach.
Hoisbüttel, Schleswig, Lichtgenossenschaft	—	—	—	—	—	—	
Holligstedt, Schleswig, Elektr. Kraft- und Lichtzentrale, G. m. ub. H.	—	—	—	—	—	—	
Hünhan, Post Burghaun i. Hessen-Nassau, Gebr. Risse	—	O	GlA 3 L	W (D)	—	1 300	2×220 V. Reparaturwerkstätte und Installationsgeschäft. Vertretung von Maschinen und Geräten.
Keßburg, Westpr., Reg.-Bez. Marien- werder,Elektrizitätsverwertungsgenossenschaft, e. Gen. m. b. H.	nein	—	Dr	T	1910	300	220 V. Landwirtschaft.
Kiefersfelden, Oberbayern, Gem.-E.-W.	nein	O	Dr 50	T (T)	1910	2 000	3000/210/120 V. Landwirtschaft. Marmorindustrie. Nebenbetrieb Sägewerk.
Kolberg, städt. E.-W.	ja	K	GlA 3 L	D W	1910	24 700	2×220 V. Badeort.
Königshofen, Baden	—	—	—	—	—	—	
Kulkwitz b. Leipzig, Leipziger Außenbahn A.-G.	—	—	—	—	—	—	
Langenleuba-Altenburg, Elektr.-Genoss. m. b. H. in Langenleuba-Niederhain, Herzogt. Altenburg	—	O	Dr 50	D	1910	—	20 000 V. 220 V. Zentrale gehört der Grube „Fürst Bismarck" in Zipsendorf bei Meuselwitz i. Sa. Landwirtschaft. Gewerbe. Überlandzentrale für zunächst 50 Orte.
Lauenau, Reg.-Bez. Hannover, . . . Elektrizitätsgenossensch. m. b. H.	nein	O	W	W	—	800	
Laurup, Post Döstrup, Bez. Kiel, e. Gen. m. u. H. in Laurup	nein	O	GlA 2-L	E	1910	230	220 V. Einfache Bauerndörfer. Nebenbetr. Müllerei. Versorgt Overby.
Lissberg, Großh. Hessen, Bes. Provinz Oberhessen	—	—	—	—	—	—	
Lübeck, Überlandzentrale	—	—	Dr	—	—	—	
Ludwigsburg, Württbg., Elektrizitätsw. Beihingen-Pleidelsheim A.-G.	—	O	Dr 50	W	—	100 000	10 000/210/120 V.
Lüneburg, Überlandzentr. des Kreises Lüneburg	—	—	Dr 50	D	1910	20 000	210/120 V. Landwirtschaft.
Medlitz i. Oberfranken, e. Gen. m. b. H., E.-W. für Medlitz u. Umgebung	—	O	Dr 50	W (D)	—	—	3000/115 V.
Meißen, städt. E.-W.	ja	O K	GlA 3-L / Dr 50	E W (D U)	—	45 000	2×110 V. (120/240/210/6000 V). Groß- und Kleinindustrie, Landwirtschaft. Überlandzentrale mit folgend. Orten: *
Minden-Ravensburg, Westfalen, ... G. m. b. H. in Herford	ja	O K	Dr 50	D	—	—	220 V.
Mirow, Mecklenburg, Fr. Schenkel . .	nein	O	Gl	D (D)	—	2 000	220V.Hauptbetrieb Sägewerk.Versorgt vorausichtlich Mirowdorf.
Mittelfränkische Überlandzentrale siehe **Ansbach.**							
Mitterteich i. Bayern, Elektrizitäts- und Installationswerke Punner & Schmid	nein	O	GlA 3-L	E	1910	4 200	2×110 V. Es werden 5 Ortschaften angeschlossen.
Mörs, Überlandzentrale für die Landkreise Kleve, Kempen, Geldern, Mörs und Rees	—	—	Dr	—	—	—	Versorgt die Landkreise Gelden, Kempen, Kleve, Mörs, Rees.
Mühlhausen i. Th., Reg.-Bez. Erfurt, Elektrische Überlandzentrale	—	K O	Dr 50	—	1910	25 000	10 000/210/120 V. Landwirtschaft mit etwas Industrie, besonders Hausindustrie. Für den ersten Anschluß vorgesehen: **

* Bohnitzsch, Fischergasse, Hintermauer, Niedermeisa, Neudörfchen, Obermeisa, Oberspaar, Proschwitz, Questenberg, Rottewitz Siebeneichen, Winkwitz, Zaschendorf, Zscheila.
** Ammern, Bruchstedt, Cammerforst, Dachrieden, Dörna, Diedorf, Effelder, Eigenrieden, Felchta, Großgrabe, Heroldishausen, Hohenbergen, Horsmar, Heyerode, Issersheilingen, Kirchheilingen, Kleingrabe, Körner, Küllstedt, Langula, Lengefeld, Neunheilingen, Oberdorla, Oppershausen, Reiser, Sundhausen, Seebach, Struth, Wendehausen, Güter: Breitenbich, Kl.-Zella.

Name und Postadresse des Ortes / Eigentümer des Elektrizitätswerkes	Ist ein Gaswerk vorhanden?	Leitungsnetz	Stromart und Frequenz	Betriebskraft (Reserve in Klammern)	Voraussichtliche Betriebseröffnung	Einwohnerzahl des Ortes bezw. der versorgten Orte	Spannung, besonderer Charakter des Ortes bezw. der versorgten Orte, Nebenbetriebe und sonstige Bemerkungen.
Nedlin b. Köslin, Pomm., Radue Uberlandzentrale „Heyka", G. m. b. H.	—	O	Dr 50	W (E)	—	50 000	15 000/220/500 **V.** Die Zentrale ist Privat-G. m b.H , Stromabnehmer sind die Kreis- bez. Kommunalverbände unter Beihilfe der Provinz Pommern. Voraussichtlich werden 6 Kreise versorgt werden.
Neubrandenburg, Mecklenburg - Strelitz, Elektrische Uberlandzentrale, e. Gen. m. b. H.	ja	OK	Dr 50	D	1910	23 000	10 000/380/220 V. Landwirtschaftliche Großbetriebe Versorgt Stargard i. M., die Landgemeinden Japenzin, Schwanbeck, Groß-Teetzleben, Wolkow. Außerdem 50 Güter, 3 Mühlen und eine Molkerei.
Neuhütten, Württbg., Gemeindeverband Hohenlohe-Öhringen	nein	O	GlA	D W T	1911	—	Versorgt 60 Orte.
Neumarkt a. R., Bayern	—	—	—	—	—	—	
Nordhausen a. Harz, Rgbz. Erfurt, Uberlandzentr. Südharzer Kraftwerke zu Nordhausen a. H.	—	—	Dr	D W	1911	—	
Oetzsch b. Leipzig, Gemeindeverband f. d. E.-W. Leipzig-Land	ja	OK	Dr 50	T	—	120 000	Versorgt den Bezirk d. K. Amtshauptmannschaft Leipzig.
Oferdingen b. Reutlingen i. Württbg. . . . Gebr. Bauer	nein	O	Gl	W	—	—	
Osterby, Schleswig-Holstein, e. Gen. m. b. H.	nein	O	GlA 2-L	D	1910	400	220 V. Landwirtschaft.
Overath, Rheinpreußen, städt. E.-W.. .	—	—	—	—	—	—	
Pankow b. Berlin, Gemeinde - E. - W.	—	—	—	—	—	25 000	
Radegast, Anhalt, Elektrizitätsgenossenschaft Anhalt I.	—	—	Dr	—	—	—	Versorgt die Kreise Bernburg, Cöthen, Dessau.
Rätzlingen, Hannover, Elektrizitätsgenossenschaft	—	—	—	—	—	—	
Rietberg i. Westfalen, städt. E-W.. .	—	—	—	—	1910	—	
Rixdorf b. Berlin, städt. E.-W.	ja	K	Dr 50	D	1911	240 000	6000/3 × 220 V.
Römstedt b. Bevensen, Reg.-Bez. Lüneburg, Genossenschaft	nein	—	—	—	—	300	Landwirtschaft.
Ronneburg, Herzogt. Sachsen-Altenburg, Elektrizitäts - Genossenschaft „Osterland"	ja	O	Dr 50	D	1911	40 000	
Rosen, Reg.-Bez. Breslau, Rosener E.-W., e. Gen. m. b. H., Ober-Rosen	nein	O	Gl	D	1910	—	Landwirtschaft und Handwerk.
Rostock, Mecklenburg, ... Uberlandzentrale	—	—	Dr	D	—	—	
Roßla, Reg.-Bez. Merseburg, Uberlandzentrale Roßla u. Umgebung, eing. Genoss. m. b. H.	nein	—	—	—	—	—	
Ruthken, Post Zuckau Westpr., ... Uberlandzentrale G. m. b. H.	—	—	Dr 50	—	—	—	220 V. 15 000/8000 V.
Saalfeld, Saale, E.-W. für Saalfeld u. Rudolstadt	—	—	Dr	—	—	—	
Saalkreis - Bitterfeld, Uberland - Zentrale, siehe **Halle**							
Sächsische Elektrizitäts - Lieferungsgesellschaft, siehe **Schwarzenberg**							
Salzwedel, Elektr. Uberlandzentrale Kr. Salzwedel, Genoss.	nein	—	—	—	—	—	

Name und Postadresse des Ortes / Eigentümer des Elektrizitätswerkes	Ist ein Gaswerk vorhanden?	Leitungsnetz	Stromart und Frequenz	Betriebskraft (Reserve in Klammern)	Voraussichtliche Betriebseröffnung	Einwohnerzahl des Ortes bezw. der versorgten Orte	Spannung, besonderer Charakter des Ortes bezw. der versorgten Orte, Nebenbetriebe und sonstige Bemerkungen.
Schenkenzell, Baden, Bürgermeister Gruber	nein	O	Gl 2-L	W	1910	570	220 V.
Schmalensee b. Bornhöved i. Schl.-Holst.	—	—	—	—	—	—	
Schmiedeberg i. Kgr. Sachsen	—	—	—	—	—	—	
Schojow, Pommern, Überlandzentrale G. m. b. H.	—	—	Dr 50	—	—	—	5000/10 000/220/120 V.
Schwarzenberg i. Sa., Sächs. Elektr.-Lieferungsgesellschaft	ja	O	Dr 50	—	—	—	220 V. Industrie, Weberei. *
Schwege, Kr. Wittlage, Rgbz. Osna-brück, Moorverwertungsanlage und Überlandzentrale im Großen Moor, Hannoversche Kolonisations- und Moorverwertungsgesell-schaft	—	O	Dr 50	E	1910	—	10 000/400/230 V. Landwirtschaft-liche Betriebe. Ziegeleien und Kleinindustrie. Nebenprodukte-gewinnung (schwefelsaures Ammoniak). Versorgt die Kreise Bersenbrück, Diepholz, Lübbecke, Melle, Osnabrück, Wittlage und Damme in Oldenburg.
Schwetzingen i. Baden, Rheinische Schuckertgesellschaft für elektr. Industrie A.-G., Mannheim	ja	KO	Dr 50	—	—	12 000	3 × 210/120 V. mit geerdetem Nulleiter. 650 V. Gleichstrom für Bahnbetrieb. Industrie und Landwirtschaft. Nebenbetr. Bahn-betrieb. Versorgt Ketsch.
Singlding i. Oberbayern, E.-W. Pretzen und Singlding, Inhaber G. Euchler und F. Schmid	—	O	Dr 50	W (T)	—	—	110 V. Landwirtschaft. Neben-betr. Müllerei. Versorgt Auf-hausen, Nieder-Neuching, Nieder- und Ober-Wörth, Riexing, Teuf-stetten, Sonnendorf.
Stadensen, Reg.-Bez. Lüneburg, Kr. Uelzen, Elektrizitäts-Genoss.	nein	—	—	—	—	—	
Stargard, Großh. Mecklenburg-Strelitz, städt. E.-W.	nein	K	Dr 50	T	—	2 000	
Steglitz b. Berlin, Gemeinde-E.-W.	ja	K	Dr	D	—	60 000	6000/3 × 220 V.
Stockhausen bei Eisenach, Hermann Kohlrausch, Hofkunstfärber in Eisenach	nein	O	Dr 50	W	1910	5 000	2 × 110 V. Landwirtschaft. Strom-versorgung der Fa. Georg Haaß, Färberei und chemische Wasch-anstalt in Eisenach und Wasser-versorgung von Stockhausen und naheliegenden Orten. Versorgt Beiernfeld, Berka i. H., Bertroda Bischofroda, Bolleroda, Hötzels-roda, Lauterbach, Neukirchen, Stockhausen, Stregda
Tuchel i. Wpr., Westpreußische Elek-trizitätsgenossenschaft zu Tuchel, e. Gen. m. b. H.	ja	—	Dr	W (D)	—	—	Netz erstreckt sich auf die Kreise Schlochau, Konitz, Schwetz, Tuchel und teilweise Flatow.
Uder, Prov. Sachsen, Gemeinde-E.-W.	—	—	—	—	—	—	
Wasserzell, Post Ansbach, Reg.-Bez. Mittelfranken, Genoss. Verein Wasserzell	nein	O	GlA	W	1910	110	Landwirtschaft.
Waxweiler, Reg.-Bez. Trier . . . . . W. J. Hoß	nein	O	Gl	W (D)	1910	750	2 × 110 V. Landwirtschaft.
Wenden i. Westfalen, Gemeinde-E.-W., Reg.-Bez. Arnsberg	nein	O	Gl 2-L	E	—	1 000	220 V. Landwirtschaft. Kurort. Versorgt Möllnicke.
Willstätt i. Baden, Willstätter E.-W. A.-G.	nein	—	Dr 50	—	—	—	

* Versorgt Albernau, Alberoda, Beierfeld, Bermsgrün, Blauenthal, Bockau, Breitenbrunn, Breitenhof, Brünlos, Burk-hardtsgrün, Carlsfeld, Crandorf, Dittersdorf, Erla, Gablenz, Giegengrün, Griesbach, Grünhain, Grünstadtel, Haara, Hirschfeld, Hundshübel, Kühnhayde, Langenberg, Lenkersdorf, Leutersbach, Lindenau, Markersbach, Mittweida, Niederschlema, Neudörfel, Neuwelt, Niederaffalter, Oberaffalter, Oberhaßlau, Obersachsenfeld, Oberscheibe, Oberschlema, Oberstützengrün, Pohla, Raschern, Rittersgrün, Saupersdorf, Schönhaiderhammer, Schönheide, Schwarzbach, Silberstraße, Sosa, Streitwald, Unterstützengrün Voigtsgrün, Waschleite, Weißbach, Wiesen, Wildenthal.

Name und Postadresse des Ortes Eigentümer des Elektrizitätswerkes	Ist ein Gaswerk vorhanden?	Leitungsnetz	Stromart und Frequenz	Betriebskraft (Reserve in Klammern)	Voraussichtliche Betriebseröffnung	Einwohnerzahl des Ortes bezw. der versorgten Orte	Spannung, besonderer Charakter des Ortes bezw. der versorgten Orte, Nebenbetriebe und sonstige Bemerkungen.
Wirsitz, Reg.-Bez. Bromberg, Talsperre u. elektr. Zentrale Wirsitz, G. m. b. H.	—	O	Dr 4-L 50	E	1910	150 000	15 000/1000/380/220 V. Landwirtschaft (Großgrundbesitz). Versorgt Kreis Wirsitz und Teile der Kreise Kolmar, Schubin u. Wongrowitz.
Wohldorf-Ohlstedt b Hamburg, G. m. b. H.	nein	O	GlA 3-L	—	1910	500	220 V. Villenvorort.
Wolkow b. Treptow a. Toll. Landwirtschaftliche Betriebsgenossenschaft Wolkow	nein	O	—	T	1910	280	Landwirtschaft.
Wrexen i. Waldeck	—	—	—	—	—	—	
Zeulenroda i. Reuß ä. L., städt. E.-W.	—	—	—	—	—	—	
Zeven, Reg.-Bez. Stade Gemeinde-E.-W.	nein	O	—	D	1910	2 000	2 × 110 V. Landwirtschaft.

C. Angeblich bestehende Elektrizitätswerke, über die jedoch keine Angaben zu erhalten waren.

Adelmannsfelden in Württembg.
Aftersteg b. Freiburg
Albsheim a. d. Eis
Altenau im Harz
Altenheim b. Kehl
Appen in Schleswig
Ascheberg in Schleswig
Bau in Schleswig
Baumholder in Rheinpr.
Bergenweiler in Württemberg
Bersenbrück in Hannover
Betzweiler in Württemberg
Billigheim i. d. Pfalz
Binzwangen in Württemberg
Bohmsgraben b. Wacken
Boisheim, Bez. Düsseldorf
Borken, Bez. Cassel
Crossen in Brandenburg
Culm in Westpreußen
Deggingen a. Fils
Devant les Ponts b. Metz
Düllstadt in Bayern
Durrenwaiderhammer i. Oberfr.
Eckersdorf in Oberfranken
Eller a. d. Mosel
Emsdetten in Westfalen
Engelade in Braunschweig
Enzweihingen in Württemberg
Ergste b. Iserlohn
Faulbach in Unterfranken
Fischbeck a. Weser
Finkenwärder in Hannover
Finkenwärder b. Hamburg
Flehingen i. Baden
Ganderkesee in Oldenburg
Garwitz, Mecklbg.-Schwerin
Gern in Niederbayern
Gerlingen in Württemberg
Glasow b. Dargun
Glettkau, Ostseebad
Glindow b. Werder
Goldbach in Unterfranken
Grabow in Mecklenburg
Grammby in Schleswig-Holstein
Greifenberg a. Ammersee
Godullahütte in Oberschlesien
Großheirath in Sa.-C.-G.
Güstrow in Pommern
Hallerndorf in Franken
Haßfurt in Unterfranken

Hayingen in Elsaß
Hedeminden in Hannover
Heimenkirch in Schwaben
Helle-Tuchtfeld in Oldenburg
Hergensweiler in Bayern
Herzogenaurach in Bayern
Hilter in Hannover
Hinterweidenthal in d. Pfalz
Hirschbach in Niederbayern
Hirschberg in Westfalen
Höchberg b. Würzburg
Hohenschönau b. Stettin
Holle, Kr. Marienburg
Hülben b. Beuren in Württembg.
Juist, Insel
Juliusmühle b. Einbeck
Kibarty b. Eydtkuhnen
Kindenheim in der Pfalz
Klepsau a. Jagst
Königshofen b. Mannheim
Kosten, Bez. Posen
Krausenbach in Unterfranken
Krautheim in Baden
Krempe in Holstein
Kropp in Schl.-Holst.
Lambach in Niederbayern
Langheim b. Roth, Bayern
Lebach im Rheinland
Leck in Schl.-Holst.
Lengdorf b. München
Lindenfels im Odenwald
Lörrach i. Baden
Ludwigstadt in Oberfranken
Lülsfeld in Unterfranken
Lütjenburg i. Schl.-Holst.
Marlow i. Meckl.-Schwerin
Matznekehmen b. Insterburg
Mittelgerlachsheim, Bez. Liegnitz
Mittelstadt, O.-A. Urach
Molsheim i. E.
Moos b. Würzburg
Morbach, Bez. Trier
Moritzburg b. Hildesheim
Mülham b. Pfarrkirchen
Nack in Baden
Nakel b. Wirsitz
Neckingen b. Metz
Neidhartshausen in Sa.-W.
Neubeuren in Oberbayern
Neudorf im Elsaß

Neuravensburg in Württemberg
Niederaula, Bez. Cassel
Niederbergheim in Westfalen
Niedernissa b. Erfurt
Norddorf a. Amrum
Nußbaum b. Enzberg
Oechtendung im Rheinland
Olsberg in Westfalen
Olvenstedt in Pr. Sachsen
Pitschen in Schlesien
Raitenhaslach in Oberbayern
Reichertshafen in Bayern
Riegelsberg in Rheinpreußen
Rissen in Schl.-Holst.
Salzhemmendorf in Hannover
Salzuflen in Lippe
St. Ingbert in der Pfalz'
Sendenhorst in Westfalen
Siedlinghausen in Westfalen
Spenge bei Minden
Sülfeld b. Oldesloe
Schlawa in Schlesien
Schlitz in Oberhessen
Schönewerder in Prov. Sachsen
Schopfheim i. Baden
Schwendi in Württemberg
Schwendt b. Stargard in Pom.
Steinweiler in Pfalz
Streitberg in Bayern
Strümpfelbach in Württemberg
Trockenbrück b. Elspe
Tüchersfeld in Oberfranken
Ulzburg in Schl.-Holst.
Unterkochen in Württemberg
Unterschönau in Th.
Uthmöden, Bez. Magdeburg
Viechtach, Niederbayern
Völpke in Prov. Sachsen
Wahlbach im Elsaß
Weiderdingen in Baden
Weinhacklmühl b. München
Werben im Spreewald
Werneck in Bayern
Wintershall, Post Herdingen
Wissenbach im Dillkreis
Wulfsen in Hannover
Wurzbach b. Gera
Zartzig in Pommern
Ziegenbrück, Prov. Sachsen
Zippnow, Bez. Marienwerder

D. Elektrizitätswerke, nach Verwaltungsbezirken geordnet.

Verzeichnis der Verwaltungsbezirke.

I. Königreich Preußen.

1. Provinz Ostpreußen.
   a. Königsberg,
   b. Gumbinnen,
   c. Allenstein.

2. Provinz Westpreußen.
   a. Danzig,
   b. Marienwerder.

3. Stadtkreis Berlin.

4. Provinz Brandenburg.
   a. Potsdam,
   b. Frankfurt.

5. Provinz Pommern.
   a. Stettin,
   b. Köslin,
   c. Stralsund.

6. Provinz Posen.
   a. Posen,
   b. Bromberg.

7. Provinz Schlesien.
   a. Breslau,
   b. Liegnitz,
   c. Oppeln.

8. Provinz Sachsen.
   a. Magdeburg,
   b. Merseburg,
   c. Erfurt.

9. Provinz Schleswig-Holstein.
   Schleswig.

10. Provinz Hannover.
    a. Hannover,
    b. Hildesheim,
    c. Lüneburg,
    d. Stade,
    e. Osnabrück,
    f. Aurich.

11. Provinz Westfalen.
    a. Münster,
    b. Minden,
    c. Arnsberg.

12. Provinz Hessen-Nassau.
    a. Cassel,
    b. Wiesbaden.

13. Provinz Rheinland.
    a. Coblenz,
    b. Düsseldorf,
    c. Cöln,
    d. Trier,
    e. Aachen.

14. Hohenzollern.
    Sigmaringen.

II. Königreich Bayern.

a. Oberbayern,
b. Niederbayern,
c. Pfalz,
d. Oberpfalz,
e. Oberfranken,
f. Mittelfranken,
g. Unterfranken,
h. Schwaben.

III. Königreich Sachsen.

a. Dresden,
b. Leipzig,
c. Chemnitz,
d. Zwickau,
e. Bautzen.

IV. Königreich Württemberg.

a. Neckarkreis,
b. Schwarzwaldkreis,
c. Jagstkreis,
d. Donaukreis.

V. Großherzogtum Baden.

VI. Großherzogtum Hessen.

a. Starkenburg,
b. Oberhessen,
c. Rheinhessen.

VII. Großherzogt. Meckl.-Schwerin.

VIII. Großherzogt. Sachsen-Weimar.

IX. Großherzogtum Meckl.-Strelitz.

X. Großherzogtum Oldenburg.

XI. Herzogtum Braunschweig.

XII. Herzogtum Sachsen-Meiningen.

XIII. Herzogtum Sachsen-Altenburg.

XIV. Herzogtum Sachsen-Coburg-Gotha.

XV. Herzogtum Anhalt.

XVI. Fürstentum Schwarzburg-Sondershausen.

XVII. Fürstentum Schwarzburg-Rudolstadt.

XVIII. Fürstentum Waldeck.

XIX. Fürstentum Reuß ältere Linie.

XX. Fürstentum Reuß jüngere Linie.

XXI. Fürstentum Schaumburg-Lippe.

XXII. Fürstentum Lippe.

XXIII. Freie und Hansestadt Lübeck.

XXIV. Freie Hansestadt Bremen.

XXV. Freie und Hansestadt Hamburg.

XXVI. Reichsland Elsaß-Lothringen.

Verzeichnis der Elektrizitätswerke.

I. Königreich Preußen.

1. Provinz Ostpreußen.

a. Reg.-Bez. Königsberg.

Allenburg, Bischofstein, Cranz, Creuzburg, Heilsberg, Königsberg, Memel, Mühlhausen, Nordenburg, Pr. Holland, Quednau, Rauschen, Saalfeld, Schippenbeil, Uderwangen, Willenberg, Wormditt, Zinten.

b. Reg.-Bez. Gumbinnen.

Darkehmen, Eydtkuhnen, Insterburg, Prostken, Skaisgirren, Stallupönen, Tilsit, Tramischen, Turoscheln.

c. Reg.-Bez. Allenstein.

Allenstein, Bialla, Bischofsburg, Seeburg, Stradaunen, Wartenburg.

2. Provinz Westpreußen.

a. Reg.-Bez. Danzig.

Berent, Bohlsihan, Danzig, Dirschau, Elbing, Kahlberg, Neufahrwasser, Putzig, Schöneck, Skurz, Straschin - Prangschin, Sullenschin, Tiegenhof, Zoppot.

b. Reg.-Bez. Marienwerder.

Briesen, Deutsch-Krone, Flatow, Gollub, Goßlarshausen, Graudenz, Jastrow, Konitz, Lautenburg, Löbau, Neumark, Schwetz, Stocksmühle, Strasburg, Thorn.

3. Stadtkreis Berlin.

Berlin.

4. Provinz Brandenburg.

a. Reg.-Bez. Potsdam.

Alt-Landsberg, Beelitz, Belzig, Biesenthal, Brandenburg, Breddin, Brück, Buch, Charlottenburg, Cöpenick, Dahme, Eberswalde, Fredersdorf, Freyenstein, Friedenau, Garz, Gerswalde, Gladau, Gramzow, Gransee, Herzfelde, Hohenschönhausen, Hoppegarten, Joachimsthal, Kalkberge, Kremmen, Kyritz, Lichtenberg, Lindenberg, Meyenburg, Michendorf, Neuenhagen, Neu-Trebbin, Oranienburg, Potsdam, Prenzlau, Rathenow, Schöneberg, Schwanenwerder, Spandau, Steglitz, Storkow, Strasburg, Strausberg, Tasdorf, Tegel, Templin, Trebbin, Treuenbrietzen, Velten, Wannsee, Weißensee, Werneuchen, Wittenau, Woltersdorf, Wusterhausen, Zehlendorf, Zossen.

b. Reg.-Bez. Frankfurt.

Bernstein, Burg, Calau, Cottbus, Denghausen, Döbern, Dobrilugk, Drebkau, Driesen, Eichdorf, Finsterwalde, Forst, Frankfurt, Friedeberg, Friedland, Fürstenwalde, Germersdorf, Göritz, Guben, Kirchhain, Königsberg, Kriescht, Kunzendorf, Landsberg, Linderode, Lippehne, Lübbenau, Nahausen, Neuwedell, Neuzelle, Poley, Reetz, Särchen, Schönfließ, Soldin, Sonnenburg, Sorau, Steinbusch, Trebschen, Vietz, Waldsieversdorf, Woldenberg, Zielenzig.

5. Provinz Pommern.

a. Reg.-Bez. Stettin.

Ahlbeck, Alt-Damm, Bahn, Cammin, Daber, Freienwalde, Gollnow, Greifenhagen, Heringsdorf, Jarmen, Klemmen, Krüssow, Labes, Massow, Misdroy, Penkum, Plathe, Rauschmühle, Stargard, Stepenitz, Stettin, Swinemünde, Züllchow.

b. Reg.-Bez. Köslin.

Beßwitz, Bublitz, Kolberg, Lottin, Nedlin, Polzin, Rügenwalde, Rummelsburg, Schmolsin, Stolp.

c. Reg.-Bez. Stralsund.

Bergen, Binz, Greifswald, Lassan, Putbus, Saßnitz, Sellin, Stralsund, Tribsees.

6. Provinz Posen.

a. Reg.-Bez. Posen.

Adelnau, Altkloster, Bojanowo, Buk, Gollmütz, Grätz, Hohensalza, Kostschin, Lissa, Meseritz, Pleschen, Posen, Samter, Schwerin a. W., Schwersenz, Wreschen, Wronke.

b. Reg.-Bez. Bromberg.

Argenau, Athanasienhof, Bleichfelde, Bromberg, Crone, Filehne, Gnesen, Janowitz, Schönlanke, Schubin, Tremessen, Wirsitz, Wongrowitz.

7. Provinz Schlesien.

a. Reg.-Bez. Breslau.

Alt-Heide, Bernstadt, Breslau, Brieg, Deutsch-Lissa, Gräbschen, Habelschwerdt, Heinrichau, Krummwohlau, Kudowa, Labitsch, Landeck, Langenbielau, Maltsch, Neumarkt, Neurode, Nieder-Langenau, Obernigk, Reinerz, Rückers, Schön-Ellguth, Schreibersdorf, Schweidnitz, Steinau, Trebnitz, Vogelsang, Waldenburg, Wansen, Wohlau.

b. Reg.-Bez. Liegnitz.

Agnetendorf, Alt-Kemnitz, Arnsdorf, Bunzlau, Deutsch-Ossig, Flinsberg, Freystadt, Friedeberg, Glogau, Goldberg, Görlitz, Herischdorf, Hirschberg, Hoyerswerda, Kaiserswaldau, Kontopp, Krummhübel, Lähn, Liegnitz, Marklissa, Naumburg, Nieder-Halbendorf, Parchwitz, Penzig, Polkwitz, Primkenau, Reichenbach, Schömberg, Seidenberg, Warmbrunn, Weißwasser.

c. Reg.-Bez. Oppeln.

Antonienhütte, Burg - Branitz, Czerwionka, Deutsch - Krawarn, Eintrachthütte, Friedenshütte, Friedland, Gleiwitz, Groschowitz, Hultschin, Janow, Königshütte, Koppitz, Krappitz, Laurahütte, Loslau, Lublinitz, Ludwigsdorf, Miechowitz, Neiße, Oppeln, Orzegow, Ratibor, Ruda, Slawentzitz, Sohrau.

8. Provinz Sachsen.

a. Reg.-Bez. Magdeburg.

Abbenrode, Aken, Aschersleben, Barleben, Barneberg, Brumby, Burgstall, Crottorf, Dähre,

Dannefeld, Dedeleben, Derenburg, Diesdorf, Druxberge, Eilsleben, Gardelegen, Gatersleben, Gommern, Grasleben, Groß-Apenburg, Groß-Santersleben, Halberstadt, Hillersleben, Horneburg, Hötensleben, Ilsenburg, Jersleben, Jübar, Loburg, Magdeburg, Möckern, Neuhaldensleben, Nöschenrode, Öbisfelde, Oschersleben, Osterwieck, Quedlinburg, Samswegen, Schierke, Schönebeck, Seehausen, Staats, Staßfurt, Stendal, Tangermünde, Thale, Wackersleben, Weddersleben, Weferlingen, Wernigerode, Wolmirstedt, Ziesar.

b. Reg.-Bez. Merseburg.

Alsleben, Altherzberg, Ammendorf, Artern, Belleben, Bitterfeld, Bretleben, Cönnern, Dürrenberg, Eckartsberga, Eilenburg, Elsterwerda, Freyburg, Gerbstedt, Gleina, Grabenmühle, Halle, Kösen, Kretzschau, Lettin, Liebenwerda, Lützen, Mansfeld, Merseburg, Mücheln, Mückenberg, Naumburg, Piesteritz, Prettin, Querfurt, Roßla, Schkeuditz, Stolberg, Teuchern, Wansleben, Weißenfels, Wethau, Wittenberg, Zeitz.

c. Reg.-Bez. Erfurt.

Alten-Gottern, Benneckenstein, Bleicherode, Bollstedt, Ellrich, Erfurt, Gispersleben, Greußen, Heiligenstadt, Kindelbrück, Langensalza, Leinefelde, Mühlberg, Mühlhausen, Niederorschel, Nordhausen, Ranis, Sachsa, Salza, Schleusingen, Sömmerda, Suhl, Wandersleben, Weida, Wolkramshausen, Zella.

9. Provinz Schleswig-Holstein.

Reg.-Bez. Schleswig.

Achterwehr, Aggerschau, Ahrensburg, Altona, Altrahlstedt, Apenrade, Astrup, Augustenburg, Bargteheide, Barsbüttel, Bergedorf, Bergenhusen, Blankenese, Borby, Bornhöved, Bramfeld, Bramstedt, Bredstedt, Broacker, Burg, Büsum, Dahme, Dänischenhagen, Depenau, Eidelstedt, Erfde, Esingen, Flensburg, Gaarden, Garding, Gettorf, Glücksburg, Gramm, Grande, Gravenstein, Großenaspe, Groß-Flottbek, Groß-Jündewatt, Hademarschen-Hanerau, Hadersleben, Hassee, Hasseldiecksdamm, Helmstorf, Hemme, Hochkamp, Hoffnungsthal, Hohenaspe, Hohn, Holtenau, Horst, Husum, Innien, Itzehoe, Jevenstedt, Kaltenkirchen, Kappeln, Karby, Kiel, Kitzeberg, Kjaer, Laboe, Lensahn, Loit, Lokstedt, Loop, Lügumkloster, Lunden, Lütjenburg, Marne, Meldorf, Mögeltondern, Mohrkirch-Osterholz, Neuhof, Neumünster, Nienstedten, Norburg, Oldenburg, Osterlinnet, Ost-Steinbeck, Owschlag, Plön, Poppenbüttel, Pries, Raisdorf, Rangstrup, Ratzeburg, Reinbek, Reinfeld, Rellingen, Rendsburg, Rieseby, Rödding, Russe, Sachsenwald, Satrup, Scherrebek, Schiffbek, Schilksee, Schleswig, Schnabek, Schönberg, Schülp, Schwarzenbek, Simmerstedt, Sonderburg, Sörup, Steinfeld, Stellingen, Süderbrarup, Tingleff, Toftlund, Treya, Voorde, Wacken, Wandsbek, Wedel, Wellspang, Wesselburen, Westerland, Wilster, Winseldorf, Wittdün, Wrist, Wyk.

10. Provinz Hannover.

a. Reg.-Bez. Hannover.

Aerzen, Bassum, Bodenwerder, Colenfeld, Essemühle, Freiburg a. E., Groß-Berkel, Groß-Ringmar, Hachmühlen, Hameln, Hannover, Harpstedt, Heiligenfelde, Heustedt, Jardinghausen, Kirchweyhe, Lauenau, Leeste, Linden, Mandelsloh, Melchiorshausen, Münder, Söhlde, Steyerberg, Sulingen, Syke, Twistringen, Wachendorf, Wallensen, Wunstorf.

b. Reg.-Bez. Hildesheim.

Bockenem, Bredelem, Clausthal, Duderstadt, Echte, Eime, Einbeck, Eisdorf, Elbingerode, Elze, Freden, Goslar, Göttingen, Gronau, Harsum, Hildesheim, Höckelheim, Hohnstedt, Hollenstedt, Lautenthal, Lauterberg, Nordstemmen, Nörten, Osterode, Ringelheim, Scharzfeld.

c. Reg.-Bez. Lüneburg.

Bardenhagen, Beedenbostel, Bleckede, Burgdorf, Celle, Dahlenburg, Ebstorf, Erbach, Hankensbüttel, Harburg, Hattorf, Hittfeld, Immensen, Lehrte, Lüchow, Lüneburg, Medingen, Neetze, Oberbrechen, Oldau, Oldenstadt, Salzhausen, Schneverdingen, Schwüblingen, Stederdorf, Thalheim, Uelzen, Uetze, Walsrode, Wieren, Winsen.

d. Reg.-Bez. Stade.

Altenbruch, Blumenthal, Braunstedt, Drochtersen, Freiburg, Geestemünde, Hagen, Horneburg, Jork, Lehe, Lilienthal, Oberndorf, Osterholz.

e. Reg.-Bez. Osnabrück.

Badbergen, Bakum, Bentheim, Dissen, Essen (Bad), Fürstenau, Hagen, Meppen, Osnabrück, Palsterkamp, Rothenfelde, Schüttorf, Sögel.

f. Reg.-Bez. Aurich.

Borkum, Emden, Norderney, Weener, Wilhelmshafen.

11. Provinz Westfalen.

a. Reg.-Bez. Münster.

Ahlen, Asbeck, Beckum, Billerbeck, Bottrop, Burgsteinfurt, Freckenhorst, Gescher, Greven, Gronau, Harsewinkel, Havixbeck, Heeßen, Hennewick, Herten, Horstmar, Hötmar, Kirchlengern, Laer, Legden, Lippspringe, Marienfeld, Münster, Neuenkirchen, Ochtrup, Ostenfelde, Öttmarsbocholt, Recklinghausen, Schöppingen, Suderwick, Sünninghausen, Vreden, Wadersloh, Warendorf, Westercappeln.

b. Reg.-Bez. Minden.

Amelunxen, Bethel, Beverungen, Bielefeld, Brakel, Büren, Driburg, Eckardtsheim, Gütersloh, Halle, Hausberge, Heepen, Herford, Lippspringe, Minden, Neuenkirchen, Neuhaus, Paderborn, Preußisch-Oldendorf, Rimbeck Schildesche, Steinheim, Verne, Versmold, Warburg, Werther.

c. Reg.-Bez. Arnsberg.

Altenderne, Altenhundem, Attendorn, Belecke, Berghofen, Berleburg, Bestwig, Bochum, Brilon, Creuzthal, Dahl, Deuz, Dortmund, Dreis-Tiefenbach, Drolshagen, Eiserfeld, Ernsdorf, Eslohe, Freienohl, Freudenberg, Fröndenberg, Geseke, Gevelsberg, Gleidorf, Gransau, Grevenbrück, Hagen, Hamm, Herne, Herscheid, Holsterhausen, Hörde, Hüsten, Iserlohn, Kruckel, Laasphe, Langschede, Letmathe, Littfeld, Lüdenscheid, Lütgendortmund, Meggen, Meinerzhagen, Meschede, Mülheim, Neheim, Niedermarsberg, Niederschelden, Oberkirchen, Schwelm, Schwerte, Siegen, Sodingen, Soest, Sölde, Sundern, Unna, Wenden, Werdohl, Werl, Werne, Westhofen, Wetter, Winterberg, Zeppenfeld.

12. Provinz Hessen-Nassau.

a. Reg.-Bez. Cassel.

Albungen, Amöneburg, Brotterode, Cassel, Cassel-Wilhelmshöhe, Eschwege, Exten, Fechenheim, Floh, Frankenberg, Fritzlar, Gelnhausen, Gemünden, Gensungen, Gersfeld, Gombeth, Groß-Almerode, Großauheim, Gudensberg, Halsdorf, Hanau, Helmarshausen, Heringen, Herleshausen, Immenhausen, Kirchhain, Kleinschmalkalden, Marburg, Melsungen, Nenndorf, Neumorschen, Niederhone, Oberkaufungen, Oberschönau, Orb, Reichensachsen, Rinteln, Rotenburg, Salzschlirf, Schlüchtern, Schmalkalden, Seligenthal, Singlis, Sontra, Spangenberg, Steinbach, Tann, Treysa, Volkmarsen, Wabern, Waldkappel, Wanfried, Witzenhausen, Ziegenhain, Zimmersrode.

b. Reg.-Bez. Wiesbaden.

Aßmannshausen, Baumbach-Ransbach, Biebrich, Biedenkopf, Braubach, Camberg, Dauborn, Dehrn, Eltville, Ems, Eppstein, Erbenheim, Falkenstein, Frankfurt, Freiendiez, Freilingen, Friedrichsdorf, Gehlert, Gräveneckermühle, Hachenburg, Hahnstätten, Hochheim, Hofheim, Hohemark, Höhr, Homburg, Idstein, Kloppenheim, Langenaubach, Langenschwalbach, Limburg, Lorch, Marienberg, Mogendorf, Montabaur, Niedernhausen, Niederreifenberg, Nievern, Rüdesheim, St. Goarshausen, Schmitten, Schwanheim, Soden, Steinbrücken, Usingen, Weißkirchen, Westerburg, Weyer, Wiesbaden, Willmenrod, Wirges, Wölferlingen, Zollhaus.

13. Provinz Rheinland.

a. Reg.-Bez. Coblenz.

Adenau, Alf, Bertrich, Betzdorf, Bullay, Burgbrohl, Castellaun, Coblenz, Engers, Enkirch, Ettringen, Gondorf, Hamm, Hönningen, Kirchberg, Kirchen, Kottenheim, Kreuznach, Mayen, Meißenheim, Mudersbach, Münster, Neuenahr, Neuwied, Oberwinter, St. Goar, Sinzig, Sobernheim, Stromberg, Traben-Trarbach, Treis, Welling, Winningen, Zell, Zeltingen.

b. Reg.-Bez. Düsseldorf.

Aldekerk, Altenessen, Anrath, Barmen, Burg, Crefeld, Duisburg, Düsseldorf, Elberfeld, Elten, Emmerich, Essen, Friemersheim, Hochemmerich, Hohenbudberg, Homberg, Issum, Kaiserswerth, Kevelaer, Kräwinklerbrücke, Langenberg, Lank, Lennep, Mülheim, München-Gladbach, Neuß, Neviges, Obercassel, Oberhausen, Oedt, Ohligs, Osterath, Remscheid, Rheinberg, Rheydt, Ronsdorf, St. Hubert, Schiefbahn, Schlebusch, Solingen, Steele, Uerdingen, Viersen, Waldniel, Wermelskirchen, Wevelinghofen, Xanten.

c. Reg.-Bez. Cöln.

Bedburg, Bergneustadt, Bielstein, Bonn, Brühl, Cöln, Derschlag, Dieringhausen, Drabenderhöhe, Dümmlinghausen, Eitorf, Engelskirchen, Frechen, Godesberg, Gummersbach, Hoffnungstal, Morsbach, Mülheim, Münstereifel, Nümbrecht, Osberghausen, Rheinbach, Rosbach, Ründeroth, Ruppichteroth, Schladern, Waldbroel, Wiehl, Wipperfürth, Zülpich.

d. Reg.-Bez. Trier.

Bollendorf, Daun, Dillingen, Ehrang, Eisenschmitt, Friedrichstal. Gerolstein, Hermeskeil, Hillesheim, Jünkerath, Kyllburg, Lieser, Mettendorf, Neunkirchen, Nunkirchen, Olewig, Ottweiler, Prüm, Püttlingen, Quierschied, Ruwer, Saarbrücken, Saarburg, Saarhölzbach, Saarlouis, St. Johann, Speicher, Tholey, Trier, Wadern, Wallerfangen, Wasserliesch, Wittlich.

e. Reg.-Bez. Aachen.

Aachen, Düren, Erkelenz, Eschweiler, Geilenkirchen, Gemünd, Heimbach, Kohlscheid, Linnich, Schleiden, Stolberg.

14. Hohenzollern.

Reg.-Bez. Sigmaringen.

Gammertingen, Haigerloch, Sigmaringen.

II. Königreich Bayern.

a. Reg.-Bez. Oberbayern.

Aibling, Aichach, Allach, Altenmarkt, Alterding, Altjoch, Altötting, Angelsbruck, Aschau, Ascholding, Berchtesgaden, Bernau, Bruckmühl, Burghausen, Dachau, Dießen, Dorfen, Ebersberg, Eggstätt, Eglfing, Erding, Farchant, Feldkirchen, Flossing, Frasdorf, Freising, Fridolfing, Fürstenfeldbruck, Fürstenzell, Garmisch, Gars, Gauting, Glonn, Gmund, Grafing, Guttenburg, Haag, Haimhausen, Hammerau, Herrsching, Hohenaschau, Holzhausen (Post Igling), Holzhausen (Post Neuötting), Holzkirchen, Illachmühle, Isen, Ismaning, Josefsthal, Kissing, Kraiburg, Langengeisling, Laufen, Mainleus, Maisach, Marquartstein, Maximilian, Miesbach, Mittenwald, Moosach, Mühldorf, München, Murnau, Neuötting, Niederaschau, Nußdorf, Oberaudorf, Oberding, Parsberg, Partenkirchen, Pfaffenhofen, Polling, Pöttmers, Pretzen, Prien, Reichenhall, Riem, Rosenheim, Ruhpolding, Salzburghofen-Freilassing, Schonstedt, Schwabbruck, Seeshaupt, Siegsdorf, Starnberg, Teisendorf, Teißing, Thalham, Thalkirchen, Tittmoning,

Tölz, Traunstein, Tutzing, Uffing, Untergrainau, Velden, Wartenberg, Wasserburg, Weidach, Weißach, Westerhamm, Winhöring, Wörnsmühle.

b. Reg.-Bez. Niederbayern.

Abensberg, Bogen, Chamerau, Deggendorf, Dingolfing, Eichendorf, Ergoldsbach, Ering, Exing, Freyung, Frontenhausen, Ganghofen, Geiselhöring, Gerzen, Grafenmühle, Grafentraubach, Hals, Hengersberg, Hochbruck, Höchfelden, Hubertsfelden, Kötzting, Lam, Landau, Landshut, Lappersdorf, Loitzenkirchen, Mainburg, Mallersdorf, Mamming-Schweigen, Marklkofen, Mesmerode, Mitterfels, Neukirchen, Neumühle, Neunburg, Obernzell, Ortenburg, Osterhofen, Passau, Pfaffenberg, Pfarrkirchen, Plattling, Pocking, Regen, Reisbach, Rogglfing, Rottenburg, Rotthalmünster, Rugenmühle, Sallach-Gallhofen, Schönerting, Simbach, Singham, Straubing, Velden, Vilsbiburg, Vilshofen Vornbach, Waldkirchen, Wurmannsquick, Zwiesel.

c. Reg.-Bez. Pfalz.

Albisheim, Alsenz, Annweiler, Appenthal, Bergzabern, Biedesheim, Blieskastel, Blies-Schweyen, Dahn, Deidesheim, Duttweiler, Edenkoben, Ensheim, Hardenburg, Harxheim, Hauenstein, Homburg, Iggelheim, Kaiserslautern, Kandel, Landau, Landstuhl, Lauterecken, Lautersheim, Ludwigshafen, Neustadt, Odernheim, Offenbach, Pirmasens, Rinnthal, Rockenhausen, Rodalben, St. Martin, Schifferstadt, Schönau, Speyerdorf, Wachenheim, Walsheim, Weidenthal, Winnweiler.

d. Reg.-Bez. Oberpfalz.

Auerbach, Berching, Breitenbrunn, Cham, Dietfurt, Fischermühle, Floß, Furth, Haidhof, Hammertiefenbach, Hausmühle - Pfakofen, Kallmünz, Kastl, Kemnath, Leonberg, Moosham, Nittenau, Pfreimd, Preßath, Regensburg, Riedenburg, Sattelpeilnstein, Schlappmühle, Schmidtmühlen, Schönsee, Schwandorf, Sulzbach, Tirschenreuth, Untersteinbach, Vilseck, Vohenstrauß, Waldmünchen, Weiden, Wiesau, Wildenreuth, Wörth.

e. Reg.-Bez. Oberfranken.

Altenkundstadt, Arzberg, Bamberg, Bayreuth, Berneck, Bischofsgrün, Burgellern, Dorschenhammer, Düsselbach, Ebensfeld, Ebermannstadt, Fölschnitz, Forchheim, Gleußen, Gutenbiegen, Hammerschrott, Hochstadt, Höchstadt, Hof, Hollfeld, Kasendorf, Kirchehrenbach, Marktleuthen, Michelau, Muggendorf, Münchberg, Naila, Niederndorf, Oberkotzau, Pottenstein, Rattelsdorf, Redwitz, Schleifenhan, Schwand, Selb, Selbitz, Stadtsteinach, Staffelstein, Steben, Weißenbrunn, Weißenstadt, Wunsiedel, Zell.

f. Reg.-Bez. Mittelfranken.

Alfater, Altdorf, Binzwangen, Bruckberg, Burgbernheim, Burgfarrnbach, Dinkelsbühl, Erlangen, Feucht, Feuchtwangen, Fürth, Georgensgmünd, Gerasmühle, Greding, Gunzenhausen, Hammer, Heroldsberg, Iphofen, Ipsheim, Kriegenbrunn, Lauf, Lehrberg, Lichtenau, Neuherberg, Neustadt, Nürnberg, Ottensoos, Pappenheim,

Pommelsbrunn, Reichelsdorf, Rothenburg, Spalt, Thalmässing, Treuchtlingen, Uffenheim, Wassermungenau, Wassertrüdingen, Wendelstein, Wilhermsdorf, Windsbach, Windsheim, Zirndorf.

g. Reg.-Bez. Unterfranken.

Amorbach, Aschaffenburg, Baunach, Bieberehren, Brückenau, Castell, Dettingen, Gaubüttelbrunn, Gemünden, Gochsheim, Goldbach-Hösbach, Hammelburg, Kissingen, Klingenberg, Lengfeld, Lengfurt, Mainbernheim, Mainstockheim, Marktbreit, Marktheidenfeld, Mellrichstadt, Miltenberg, Mömlingen, Münnerstadt, Neustadt, Oberafferbach, Obernbreit, Ochsenfurt, Prichtenstadt, Rimpar, Schöllkrippen, Schweinfurt, Stadtlauringen, Stadtprozelten, Tauberrettersheim, Versbach, Wörth, Würzburg.

h. Reg.-Bez. Schwaben.

Asch, Au, Augsburg, Aumühle, Balderatsried, Breitenthal, Burg, Burtenbach, Dillingen, Donauwörth, Ehingen, Fallmühle, Frechenrieden, Gorisried, Gundelfingen, Günzach, Günzburg, Haunstetten, Hubers, Immenstadt, Jettingen, Kaisheim, Kempten, Kleinkötz, Landsberg, Lauingen, Lautrach, Lindau, Lindenberg, Markt Oberdorf, Mindelheim, Nesselwang, Neuburg, Neu-Ulm, Niedernau, Nordheim, Oberstaufen, Oberstdorf, Opfenbach, Ottobeuren, Pfaffenhausen, Pforzen, Pfronten, Simmerberg, Sonthofen, Stiehlings, Thannhausen, Waltenhofen, Weidach, Weitnau, Wenenmühle, Wertach, Wörishofen, Wullenstetten.

III. Königreich Sachsen.

a. Kreishauptmannschaft Dresden.

Altenberg, Bärenstein, Brand, Bühlau, Colmnitz, Copitz, Coschütz, Cossebaude, Deuben, Dippoldiswalde, Dresden, Frauenstein, Freiberg, Großenhain, Heidenau, Königstein, Langenau, Laubegast, Loschwitz, Meißen, Mulda, Neucoswig, Neuhausen, Niederlößnitz, Niedersedlitz, Nossen, Obergobitz, Riesa, Sayda, Schandau, Schmiedeberg, Schönau, Schönbach, Sebnitz, Seifersdorf, Siebenlehn, Stolpen, Wilsdruff.

b. Kreishauptmannschaft Leipzig.

Colditz, Döbeln, Gautsch, Geringswalde, Großbauchlitz, Hartha, Hubertusburg, Leipzig, Lunzenau, Mittweida, Mutzschen, Niederrossau, Oschatz, Ostrau, Ottendorf, Penig, Regis, Roßwein, Stein - Chemnitztal, Strehla, Taucha, Trebsen, Waldheim, Wermsdorf, Wurzen.

c. Kreishauptmannschaft Chemnitz.

Annaberg, Auerswalde, Augustusburg, Chemnitz, Dittersdorf, Drebach, Falkenau, Flöha, Frankenberg, Gelenau, Geyer, Glauchau, Grünhainichen, Harthau, Helbersdorf, Herold, Langburkersdorf, Lengefeld, Limbach, Meerane, Meinersdorf, Niederschindmaas, Niederzwönitz, Oberfrohna, Oberlungwitz, Olbernhau, Ölsnitz, Siegmar, Thalheim, Thum, Unterwiesenthal, Waldenburg, Wiesa.

d. Kreishauptmannschaft Zwickau.

Adorf, Auerbach, Bergen, Bockwa, Brambach, Brunndöbra, Dorfstadt, Ellefeld, Elster, Falkenstein, Klingenthal, Lauter, Lauterbach, Lengenfeld, Markneukirchen, Mylau, Neumark, Niederplanitz, Noßwitz, Ölsnitz, Pausa, Plauen, Pirk, Reichenbach, Reuth, Rodewisch, Schöneck, Schönheide, Schreiersgrün, Treuen, Trieb, Werdau, Zwickau.

e. Kreishauptmannschaft Bautzen.

Bautzen, Ebersbach, Elstra, Großpostwitz, Großröhrsdorf, Hirschfelde, Kamenz, Königsbrück, Kunnersdorf, Löbau, Neusalza, Obercunnersdorf, Oberoderwitz, Olbersdorf, Östritz, Pulsnitz, Reichenau, Weißenberg, Zittau.

IV. Königreich Württemberg.

a. Neckarkreis.

Beihingen-Pleidelsheim, Besigheim, Bissingen, Bietigheim, Böblingen, Dürrmenz, Ehingen, Endersbach, Eßlingen, Friedrichshafen, Gochsen, Heilbronn, Jagsthausen, Knittlingen, Leinemühle, Lomersheim, Maulbronn, Mockmühl, Möhringen, Mühlhausen, Münchingen, Mundelsheim, Stuttgart, Vaihingen, Waiblingen, Wangen, Wendlingen, Widdern, Winnenden.

b. Schwarzwaldkreis.

Alpirsbach, Altensteig, Aschhausen, Baiersbronn, Balingen, Betzingen, Bitz, Buhlbach, Calmbach, Derendingen, Dietingen, Dornhan, Dornstetten, Dürrwangen, Dußlingen, Ebhausen, Ebingen, Epfendorf, Freudenstadt, Frommern, Glatten, Gomaringen, Herrenalb, Horb, Kiebingen, Klosterreichenbach, Lautlingen, Liebenzell, Metzingen, Mittelthal, Mössingen, Mühringen, Nagold, Neckartenzlingen, Neubulach, Neuenbürg, Nürtingen, Oberndorf, Obertal, Pfalzgrafenweiler, Reutlingen, Rottenburg, Rottweil, Schramberg, Schwenningen, Sulz, Teinach, Trossingen, Tübingen, Tuttlingen, Unterhausen, Unterjesingen, Unterreichenbach, Untertalheim, Urach, Wildbad, Winterlingen.

c. Jagstkreis.

Abtsgemünd, Blaufelden, Bobfingen, Creglingen, Cröffelbach, Dörzbach, Elbersheim, Elpershofen, Forchtenberg, Gaildorf, Giengen, Gmünd, Grunbach, Hall, Heidenheim, Hermaringen, Heubach, Heuchlingen, Hohenmauringen, Hürden-Gerabronn, Igersheim, Ilshofen, Ingelfingen, Künzelsau, Langenburg, Laufen, Lorch, Markelsheim, Mergelstetten, Mergentheim, Neuenstein, Niedermühle, Niederstetten, Oberroth, Öhringen, Röttingen, Rudersberg, Schäftersheim, Schorndorf, Sontheim, Steinheim, Sulzbach, Unterscheffach, Untersontheim, Wasseralfingen, Weikersheim, Westernhausen, Winterbach.

d. Donaukreis.

Aichstetten, Altenstadt, Baienfurt, Berg, Boll, Buchau, Burgrieden, Dellmensingen, Dettingen, Dietenheim, Ersingen, Eybach, Friedrichshafen, Gingen, Gosbach, Hallwangen, Herrlingen, Kuchen, Laichingen, Laupheim, Mengen, Munderkingen, Neidlingen, Oberbeeningen, Ochsenhausen, Owen, Ravensberg, Riedlingen, Rißtissen, Roth, Saulgau, Schussenried, Schwendi, Sulmingen, Süßen, Tettnang, Überkingen, Uhingen, Ulm, Waldsee, Weingarten, Wiesensteig, Zeil.

V. Großherzogtum Baden.

Achern, Adelsheim, Baden-Baden, Bammenthal, Bermersbach, Bleibach, Bodman, Bonndorf, Bräunlingen, Bretten, Bruchsal, Dietlingen, Dill-Weißenstein, Donaueschingen, Dossenheim, Dürrheim, Elzach, Engen, Eutingen, Ewattingen, Freiburg, Gengenbach, Gernsbach, Gütenbach, Haltingen, Hardheim, Haslach, Heidelberg, Heitersheim, Herrischried, Hüfingen, Illenau, Jestetten, Kandern, Kappelrodeck, Karlsruhe, Kehl, Kenzingen, Kirchzarten, Konstanz, Ladenburg, Lahr, Lauda, Lenzkirch, Lichtenau, Lindenbach, Malsch, Mannheim, Meißenheim, Menzenschwand, Meßkirch, Mosbach, Neckargemünd, Neustadt, Nonnenweier, Nordrach, Oberglottertal, Oberhausen, Oberkirch, Offenburg, Oos, Oppenau, Ottenhöfen, Petersthal, Pforzheim, Pfullendorf, Radolfzell, Rheinau, Rheinfelden, Säckingen, St. Blasien, Schiltach, Schlat, Schönau, Seelbach, Singen, Sinsheim, Staufen, Steinsfurt, Stühlingen, Titisee, Tauberbischofsheim, Tiefenbronn, Triberg, Überlingen, Utzenfeld, Villingen, Vöhrenbach, Waldkirch, Waldshut, Wiesloch, Willstädt, Wolfach, Würm, Zell a. H., Zell i. W., Zuzenhausen.

VI. Großherzogtum Hessen.

a. Provinz Starkenburg.

Auerbach, Babenhausen, Bischofsheim, Darmstadt, Dieburg, Dornheim, Erbach, Gernsheim, Groß-Bieberau, Groß-Gerau, Groß-Zimmern, Heppenheim, Mörlenbach, Neckarsteinach, Neu-Isenburg, Nieder-Ramstadt, Oberramstadt, Offenbach, Pfungstadt, Reichelsheim, Reinheim, Rüsselsheim, Schaafheim, Überau, Wersau, Wimpfen.

b. Provinz Oberhessen.

Alsfeld, Butzbach, Gießen, Heuchelheim, Homberg, Lauterbach, Nauheim, Nieder-Wöllstadt, Unterschmitten.

c. Provinz Rheinhessen.

Bingen, Frei-Weinheim, Groß-Winternheim, Kriegsheim, Mainz, Nierstein, Ober-Ingelheim, Offstein, Oppenheim, Osthofen, Worms.

VII. Großherzogtum Mecklenburg-Schwerin.

Boitzenburg, Brudersdorf, Brunshaupten, Dömitz, Gadebusch, Gielow, Goldberg, Krakow, Lübz, Malchow, Neubuckow, Neustadt, Penzlin, Plau, Rostock, Schwerin, Stavenhagen, Warnemünde, Wismar, Wittenburg, Zarnekow.

VIII. Großherzogtum Sachsen-Weimar.

Apolda, Auma, Berga, Berka, Blankenhain, Bürgel, Buttstädt, Creuzburg, Dorndorf, Eisenach, Geisa, Großkromsdorf, Ilmenau, Jena, Kaltennordheim, Magdala, Oberroßla, Oberweimar, Ruhla, Stützerbach, Utenbach, Vacha, Weimar, Wenigenlupnitz, Wickerstedt.

IX. Großherzogtum Mecklenburg - Strelitz.

Fürstenberg, Schönberg, Wesenberg.

X. Großherzogtum Oldenburg.

Ahrensbök, Atens, Bant, Berne, Birkenfeld, Bleiderlingen, Brake, Bündheim, Burhave, Delmenhorst, Denghausen, Dinklage, Elsfleth, Goldenstedt, Herrstein, Hettstein, Jeddeloh, Jever, Kirschweiler, Lohne, Neuenburg, Oberstein, Oldenburg, Rastede, Rodenkirchen, St. Annahaus, Vechta, Wangerooge, Wildeshausen.

XI. Herzogtum Braunschweig.

Altendorf, Bisperode, Blankenburg, Bodenburg, Braunschweig, Delligsen, Eschershausen, Greene, Harlingerode, Harzburg, Helmstedt, Hessen, Jerxheim, Kleinrhüden, Langelsheim, Linse, Lutter, Oelper, Offleben, Pabstorf, Schöningen, Schöppenstedt, Treseburg, Twieflingen, Uslar, Vienenburg, Wildemann, Wolfenbüttel.

XII. Herzogtum Sachsen-Meiningen.

Camburg, Eisfeld, Grimmental, Harras, Heubisch, Kranichfeld, Liebenstein, Mupperg, Neusulza, Römhild, Salzungen, Schweina, Steinbach, St. Graba, Sonneberg, Themar, Utenbach.

XIII. Herzogtum Sachsen-Altenburg.

Altenburg, Gößnitz, Hermsdorf, Jägersdorf, Klosterlausnitz, Lucka, Meuselwitz, Roda, Schmölln, Zöllnitz.

XIV. Herzogtum Sachsen-Coburg-Gotha.

Coburg, Dietharz, Friedrichroda, Georgenthal, Gotha, Herbsleben, Ichtershausen, Königsberg, Mehlis, Neuses, Oberhof, Oberwohlsbach, Ohrdruf, Seebergen, Steinach, Tambach, Unterlauter, Untersiemau.

XV. Herzogtum Anhalt.

Ballenstedt, Bernburg, Coswig, Cöthen, Dessau, Drohndorf, Glauzig, Hoym.

XVI. Fürstentum Schwarzburg-Sondershausen.

Arnstadt, Ebeleben, Großbreitenbach.

XVII. Fürstentum Schwarzburg-Rudolstadt.

Blankenburg, Königsee, Leutenberg, Mellenbach.

XVIII. Fürstentum Waldeck.

Arolsen, Corbach, Oesdorf, Pyrmont, Thalmühle, Wildungen.

XIX. Fürstentum Reuß ältere Linie.

Greiz.

XX. Fürstentum Reuß jüngere Linie.

Gera, Köstritz, Langenberg, Lobenstein, Saalburg, Töppeln, Triebes, Untermhaus.

XXI. Fürstentum Schaumburg-Lippe.

Obernkirchen, Steinhude.

XXII. Fürstentum Lippe.

Bösingfeld, Detmold, Örlinghausen.

XXIII. Freie u. Hansestadt Lübeck.

Herrenwyk, Lübeck, Travemünde.

XXIV. Freie Hansestadt Bremen.

Arsten, Bremen, Bremerhaven, Wedehorn.

XXV. Freie u. Hansestadt Hamburg.

Bergedorf, Cuxhaven, Hamburg, Niendorf, Volksdorf.

XXVI. Reichsland Elsaß-Lothringen.

Alberschweiler, Altweier, Bergheim, Bischweiler, Bitsch, Brunnstadt, Busendorf, Colmar, Dettweiler, Diedolshausen, Ehnweier, Erstein, Eschau, Eschelmer, Falkenberg, Finstingen, Gebweiler, Gerstheim, Großblittersdorf, Ingweiler, Jouy aux Arches, Kapellenmühle, Kaysersberg, Krüt, Lapoutrie, Lauterburg, Leberau, Lörchingen, Maizières, Metz, Metzeral, Mülhausen, Münster, Neubreisach, Niederbronn, Pfaffenhofen, Saales, Saarburg, Saarunion, Schirmeck, Schlettstadt, Straßburg, Surburg, Türkheim, Uckingen, Urbeis, Wörth.

E. Mit Elektrizität versorgte Orte, alphabetisch geordnet.

Versorgter Ort	Elektrizitätswerk	Versorgter Ort	Elektrizitätswerk	Versorgter Ort	Elektrizitätswerk
A		Altdorf	Duttweiler	Ammerschweier	Türkheim
		Altdorf	Haag	Ammerthal	Riem
		Altdorf	Neckarwerke	Amsdorf	Teutschental
Abbach	Haidhof	Alteglofsheim	Haidhof	Anderbeck	Crottorf
Abterode	Albungen	Altena	Hagen („Mark“)	Anderten	Hannover
Abtlöbnitz	Camburg	Altenberg	Bachhagel	Angermund	Essen
Abwinkel	Weißach	Altenburg	Schaffhausen	Anhalt	Bitterfeld
Achenheim	Straßburg	Altenderne	Dortmund	Annen	Kruckel
Achim	Derenburg	Altenerding	Pretzla	Antendorf	Rinteln
Adelberg	Eßlingen	Altenhausen	Weferlingen	Apfelbach	Hohebach
Adensen	Nordstemmen	Altenhof	Eberswalde	Apfelstedt	Wandersleben
Aderstedt	Crottorf	Altenhof	Schwerin a. W.	Aplerbeck	Kruckel
Adldorf	Eichendorf	Altenmarkt	Osterhofen	Appenweier	Offenburg
Adlershof	Berlin	Altensalz	Reichenbach i. V.	Arenberg	Coblenz
Adlum	Hannover	Altenschwand	Herrischried	Argelsried	Isarwerke
Adolzhausen	Hohebach	Altenstadt	Schwabbruck	Argestorf	Hannover
Adorf	Ober-Lungwitz	Altfranken	Coschütz	Arisdorf	Rheinfelden
Affeln	Werdohl	Altfreisteth	Straßburg	Arlen	Schaffhausen
Affstädt	Unterjesingen	Alt-Geltow	Potsdam	Arnoldsweiler	Düren
Agatharied	Miesbach	Alt-Glienicke	Berlin	Arnum	Hannover
Ahelle	Hagen	Alt-Grimnitz	Joachimsthal	Arpke	Immensen
Ahlsdorf	Mansfeld	Althain	Waldenburg i. Schl.	Ars	Jouy-aux-Arches
Ahlten	Hannover	Althaldensleben	Weferlingen	Asbach	Floh
Ahmsdorf	Weferlingen	Altheikendorf	Kitzeberg	Äschach	Lindau
Ahrbeck	Burgdorf	Altheim	Heuchlingen	Aschheim	Riem
Ahrbergen	Hannover	Altheim	Ipsheim	Aschhofen	Feldkirchen
Aichach	Pfaffenhofen a. J.	Althein	Wörth a. J.	Aschweiler	Kapellenmühle
Aichelberg	Neckarwerke	Altingen	Unterjesingen	Asel	Hannover
Aichenbach	Wörth a. J.	Altjauernik	Waldenburg i. Schl.	Aspenstedt	Derenburg
Aidlingen	Unterjesingen	Alt-Kietz	Eberswalde	Asperg	Münchingen
Ailringen	Hohebach	Altkirch	Mülhausen i. Els.	Asseln	Dortmund
Aitrach	Aichstetten	Altlässig	Waldenburg i. Schl.	Ast	Feldkirchen
Alberode	Obererzgebirg.	Alt-Levier	Neu-Trebbin	Athenstedt	Derenburg
Albershausen	Eßlingen	Altmannsgrün	Trieb	Attenhofen	Kleinkötz
Albertsthal	Glauchau	Alt-Mittweida	Mittweida	Aubing	Isarwerke
Albey	Schirmeck	Altmünsterol	Mülhausen	Aue	Camburg
Albrechtsdorf	Kunzendorf	Altroggenrahmede	Hagen	Aue	Ölsnitz i. Erzg.
Aldingen	Neckarwerke	Altrottmannsdorf	Werdau	Auenheim	Straßburg
Alferde	Nordstemmen	Alt-Seidenberg	Seidenberg	Auerbach	Oelsnitz
Alickendorf	Crottorf	Alt-Solln	Isarwerke	Auernheim	Bachhagel
Allach	Isarwerke	Alt-Thann	Mülhausen i. Els.	Auersmacher	Großblittersdorf
Alleringersleben	Weferlingen	Alt-Tornow	Freienwalde	Aufham	Feldkirchen
Allernau	Obererzgebirg.	Alt-Trebbin	Neu-Trebbin	Aufhausen	Pretzen b. Erding
Allersheim	Schäftersheim	Alt-Wallnoden	Ringelheim	Aufhausen	Schlappmühle
Alling	Isarwerke	Altwasser	Waldenburg i. Schl.	Aufkirchen	Pretzen b. Erding
Almannshausen	Weidach	Altzamdorf	Riem	Aufkirchen	Weidach
Allmannshofen	Ehingen	Alvensleben, Dorf	Weferlingen	Auggen	Haltingen
Almhorst	Hannover	Alvensleben, Markt	Weferlingen	Augustenthal	Hagen
Almke	Weferlingen	Alversdorf	Offleben	Augustfelde	Beßwitz
Alpenrod	Hachenburg	Alvesrode	Hannover	Aulendorf	Waldsee
Alstaden	Essen (Rh.-Westf. E.-W.)	Amalienau	Königsberg-Mittelhufen	Aunkirchen	Grafenmühle
Altbach	Neckarwerke	Amdorf	Mandelsloh	Auringen	Niedernhausen
Altbernsdorf	Kunnersdorf	Amerland	Weidach	Austel	Neuß
Alt-Colziglow	Beßwitz	Amern St. Anton	Essen	Autenried	Kleinkötz
Altdorf	Oberhausen i. Br.	Amern St. Georg	Essen	Avolsheim	Straßburg
Altdorf	Unterjesingen	Ammern	Mühlhausen i. Th.	Axin	Prettin

Versorgter Ort	Elektrizitäts-werk	Versorgter Ort	Elektrizitäts-werk	Versorgter Ort	Elektrizitäts-werk
B		Beerheide	Rodewisch	Berßel	Derenburg
Baak	Bochum	Beesen	Ammendorf	Bertelsdorf	Marklissa
Babelsberg	Potsdam	Behnsdorf	Weferlingen	Berteroda	Stockhausen
Babenhausen	Breitenthal	Behringersdorf	Hammer	Betheln	Nordstemmen
Babylon	Lottin	Belenrode	Weferlingen	Betsche	Schwerin a. W.
Bach	Weiden	Beierfeld	Obererzgebirg.	Beuggen	Rheinfelden
Bachem	Frechen	Beiersdorf	Neusalza	Beuren	Kleinkötz
Bachhausen	Weidach	Beiersdorf	Werdau	Beutelsbach	Eßlingen
Bachmühle	Rosbach	Beigarten	Isarwerke	Beuthen	Oberschl. E.-W.
Badeleben	Weferlingen	Beilngries	Berching	Betzgenrieth	Neckarwerke
Baden-Baden Bhf.	Oos (Staatsbahn)	Bejäringerdorf	Neuß	Biberberg	Kleinkötz
Badenweiler	Mülhausen i. Els.	Beelitzhof	Zehlendorf (Gemeinde)	Bickensohl	Oberhausen
Bahlingen	Oberhausen i. Br.	Bellscheidt	Essen	Bielavken	Stocksmühle
Bahrdorf	Weferlingen	Belsdorf	Weferlingen	Bielschowitz	Oberschl. E.-W.
Baienrode	Weferlingen	Belsenberg	Ingelfingen	Bieringen	Jagsthausen
Baierbrunn	Isarwerke	Bemerode	Hannover	Bierstadt	Wiesbaden
Baiersdorf	Erlangen	Bendorf	Coblenz	Biesheim	Neubreisach
Bakede	Münder (Hann.)	Benernfeld	Stockhausen	Biesnitz	Deutsch-Ossig
Balbronn	Straßburg	Benfeld	Straßburg	Biethingen	Schaffhausen
Baldersheim	Mühlhausen	Benndorf	Mansfeld	Bildstock	Friedrichsthal
Ballendorf	Heuchlingen	Bennewitz	Wurzen	Billerbeck	Greene
Ballhausen	Bachhagel	Bennigsen	Hannover	Bilm	Hannover
Ballmertshofen	Bachhagel	Bennweier	Türkheim	Bilzingsleben	Bretleben
Banteln	Gronau	Benrath	Ohligs	Bingerbrück	Bingen
Barbing	Haidhof	Bensdorf	Gr. Oldendorf	Binsfeld	Düren
Bardenberg	Kohlscheid	Bensheim	Auerbach	Binzen	Rheinfelden
Barenthin	Breddin	Benthe	Hannover	Birenbach	Neckarwerke
Bärenwalde	Lottin	Bentierode	Greene	Birkach	Ebensfeld
Bärenwalde	Reichenbach i. V.	Bentrop	Fröndenberg	Birkach	Neckarwerke
Barken	Lottin	Benzelrath	Frechen	Birkau	Bautzen
Barkenfelde	Lottin	Berg	Weidach	Birkenhain	Oberschl. E.-W.
Barkhausen	Hausberge	Berg	Weiden	Birkesdorf	Düren
Barlin	Zarnekow	Berg a. Laim	Riem	Birkigt	Coschütz
Barmke	Helmstedt	Bergalingen	Herrischried	Birkigt	Deuben
Barnow	Beßwitz	Bergdorf	Deutsch-Ossig	Birnbaum	Schwerin a. W.
Barnten	Hannover	Berge	Hagen („Mark“)	Bischheim	Pulsnitz
Barop	Kruckel	Bergham	Nitterau	Bischheim	Straßburg
Barrien	Syke	Bergham	Pretzen	Bischhofsheim	Straßburg
Barrigsen	Hannover	Bergham	Riem	Bischofroda	Stockhausen
Barsinghausen	Hannover	Bergheim	Bachhagel	Bischofswiesen	Berchtesgaden
Bartelsdorf	Marklissa	Bergheim	Grube Fortuna, Cöln	Biskupitz	Oberschl. E.-W.
Bartenbach	Neckarwerke	Berghofen	Kruckel	Bismarkhütte	Oberschl. E.-W.
Barterheim	Rheinfelden	Berghofen	Sonthofen	Bissingen	Heuchlingen
Bartin	Beßwitz	Bergholz	Gebweiler	Bissingen	Münchingen
Barvin	Beßwitz	Bergisch-Neukirchen	Ohligs	Bitschweiler	Mülhausen i. Els.
Bathey	Hagen („Mark“)	Bergsdorf	Eberswalde	Bittkow	Oberschl. E.-W.
Battenheim	Mühlhausen	Berg-Thuir	Düren	Blaibach	Sonthofen
Bauchwitz	Schwerin a. W.	Berkheim	Neckarwerke	Blankenstein-Ruhr	Bochum („Westfalen“)
Baukau	Bochum („Westfalen“)	Berlebeck	Detmold	Blansingen	Rheinfelden
Baumberg	Ohligs	Berlichingen	Jagsthausen	Blasewitz	Dresden
Baumgarten	Marklissa	Bermsgrün	Obererzgebirg.	Bläsiberg	Unterjesingen
Baumschulenweg	Berlin	Bernberg	Marklissa	Bläsheim	Straßburg
Bebenhausen	Breitenthal	Bernbeuern	Illachmühle	Blauenthal	Obererzgebirg.
Beber	Münder	Bernsbach	Lauter	Biedeln	Hannover
Beblenheim	Türkheim	Bernsdorf	Ober-Lungwitz	Blesen	Schwerin a. W.
Beelitzhof	Zehlendorf	Bernsen	Rinteln	Bley-Scharley	Oberschl. E.-W.
Beendorf	Weferlingen	Bernsfelden	Schäftersheim	Blotzheim	Rheinfelden
Beerberg	Marklissa (Hirschberg)	Bernstadt	Kunnersdorf	Blumenau	Olbernhau

Versorgter Ort	Elektrizitätswerk	Versorgter Ort	Elektrizitätswerk	Versorgter Ort	Elektrizitätswerk
Blumenau	Waldenburg i. Schl.	Brambauer	Dortmund	Bubesheim	Kleinkötz
Blumenthal	Werl	Brand	Werdau	Buchheim	Oberhausen
Böbber	Münder	Brandenstein	Gladau	Buchholz	Niederlößnitz
Boberröhrsdorf	Marklissa	Brase	Mandelsloh	Buckow	Berlin
Böbingen	Duttweiler	Brätz	Schwerin a. W.	Buckwald	Reichenbach i. V.
Boblitz	Bautzen	Braunsdorf	Deuben	Budberg	Werl
Bobreck	Oberschl. E.-W.	Braunsdorf	Lausitzer E.-W.	Buddenstedt	Offleben
Bockau	Obererzgebirg.	Brausroda	Bretleben	Büderich	Neuß
Bockeloh	Zeche Sigmunds-	Brechling	Wellspang	Büdingen	Hachenburg
	hall (Hannover)	Brechtefeld	Dahl	Buensen	Nollenstedt
Bockwitz	Mückenberg	Breckerfeld	Schwelm	Bühl	Achern
Bodendorf	Weferlingen	Brecklenhof	Neuß	Bühl	Gebweiler
Bödensell	Weferlingen	Bredenbeck	Hannover	Bühl	Unterjesingen
Boderitz	Coschütz	Bredenbruch	Hagen („Mark")	Bühlerzimmern	Cröffelbach
Bodersweier	Straßburg	Bredeney	Essen(Rh.-Westf. E.-W.)	Bühne	Derenburg
Boele	Hagen („Mark")	Breech	Neckarwerke	Bülstringen	Weferlingen
Böffingen	Glatten	Bregenstedt	Weferlingen	Bunzlau	Marklissa
Bögendorf	Waldenburg i. Schl.	Brehna	Bitterfeld	Bünzwangen	Neckarwerke
Bogenhausen	Riem	Breite	Kempten	Burckhardtsdorf	Ober-Lungwitz
Bogutschütz	Oberschl. E.-W.	Breitenbach	Ebermannstadt	Burckhardtsdorf	Oberroßla
Bohlsbach	Achern	Breitenbach	Münster i. Els.	Burgau	Jena
Bohnitzsch	Meißen	Breitenbach	Siebenlehn	Burgau	Jettingen
Bohnsdorf	Berlin	Breitenbrunn	Obererzgebirg.	Burgberg	Sonthofen
Böhnshausen	Derenburg	Breitengüßbach	Ebensfeld	Burgdorf	Derenburg
Boll	Neckarwerke	Breitenhof	Obererzgebirg.	Burgellern	Ebensfeld
Bolleroda	Stockhausen	Breitenholz	Unterjesingen	Burggen	Illachmühle
Bolzum	Hannover	Breitenrode	Weferlingen	Burggrub	Weiden
Bommern	Bochum („Westfalen")	Breitenstein	Unterjesingen	Burghagel	Bachhagel
Bondorf	Unterjesingen	Brenkenhofsthal	Schmolsin	Burghardtsdorf	Ober-Lungwitz
Bönebüttel	Neumünster	Brenz	Bächingen	Burghardtsgrün	Obererzgebirg.
Bönnigsen	Hannover	Brenzbach	Wersau	Burgkundstadt	Altenkundstadt
Borbeck	Essen (Rh.-Westf. E.-W.)	Bretnig	Großröhrsdorf	Burglengenfeld	Haidhof
Borghees	Essen	Breuschwickersheim	Straßburg	Burgörner	Mansfeld
Borkau	Stocksmühle	Briesnitz	Cossebaude	Burgsdorf	Derenburg
Borken	Gombeth	Britz	Berlin	Burgstädt	Ober-Lungwitz
Borlas	Seifersdorf	Britz	Eberswalde	Burgstemmen	Nordstemmen
Borna	Chemnitz	Britzingen	Mülhausen	Burgweiler	Mülhausen i. Els.
Börnichen	Ober-Lungwitz	Brochenzell	Tettnang	Burgweinting	Haidhof
Bornum	Derenburg	Brockau	Reichenbach i. V.	Burkersdorf	Ober-Lungwitz
Bornum	Hannover	Broich	Kohlscheid	Bürrig	Ohligs
Borseleben	Bretleben	Brombach	Rheinfelden	Burscheid	Ohligs
Borsigwerk Bahnhf.	Oberschl. E.-W.	Bronnacker	Jagsthausen	Burschen	Schwerin a. W.
Börslingen	Heuchlingen	Bronnen	Pfaffenhausen	Bürvenich	Düren
Börßum	Derenburg	Brostau	Glogau	Burzweiler	Mülhausen i. E.
Borsum	Hannover	Bruchhof	Greene	Buschau	Hoffnungsthal
Borstel	Jork	Bruchstadt	Mühlhausen i. Th.	Buschbell	Frechen
Borstel	Rinteln	Brüggen	Gronau	Büschdorf	Halle a. S.
Börtlingen	Neckarwerke	Brühl	Neuß	Buschkrug	Lottin
Bösdorf	Weferlingen	Brühl	Rheinau	Buschvorwerk	Marklissa
Bothfeld	Hannover	Brumath	Straßburg	Büsingen	Schaffhausen
Bottingen	Oberhausen i. Br.	Brüninghausen	Hagen („Mark")	Büttgen	Neuß
Botzersreuth	Weiden	Brünlos	Obererzgebirg.	Bütthard	Schäftersheim
Bötzingen	Oberhausen i. Br.	Brunn	Reichenbach i. V.	Byfang	Neviges
Boxhag.-Rummelsbg.	Berlin	Brunn	Rodewisch		
Brachenfeld	Neumünster	Brünnow	Beßwitz		
Bracht	Essen	Brynow	Oheimgrube	**C**	
Brachtenbecke	Hagen („Mark")		b. Oppeln	Cainsdorf	Bockwa
Bralitz	Eberswalde	Brzesowitz	Oberschl. E.-W.	Calbe	Schönebeck

Verband Deutscher Elektrotechniker.

Verzeichnis sämtlicher Veröffentlichungen.

August 1910.

1. Normalien, Vorschriften und Leitsätze des Verbandes Deutscher Elektrotechniker (Normalienbuch). 5. Auflage, enthaltend die Beschlüsse bis einschließlich zur Jahresversammlung 1910 . . . . geb. M 3,60

2. Bericht über die Jahresversammlung am 26. und 27. V. 1910. Enthält die Verhandlungen, Beschlüsse, Vorträge und Diskussion zu denselben.
    Preis für Mitglieder (von der Geschäftsstelle direkt bezogen einschließlich Versandkosten) . . . M 2,50
    Preis für Nichtmitglieder . . . . M 3,50

3. Nachtragsstatistik der Elektrizitätswerke in Deutschland nach dem Stande vom 1. IV. 1910. (Ergänzung der Ausgabe vom 1. IV. 1909.)
    Preis für Mitglieder (von der Geschäftsstelle direkt bezogen einschließlich Versandkosten) . . . M 2,20
    Preis für Nichtmitglieder . . . . M 3,50

4. Vorschriften für die Errichtung elektrischer Starkstromanlagen nebst Ausführungsregeln. (Gültig ab 1. I. 1908.) — Vorschriften für den Betrieb elektrischer Starkstromanlagen nebst Ausführungsregeln. (Gültig ab 1. I. 1910.) — Anleitung zur ersten Hilfeleistung usw. (Gültig ab 1. VII. 1907.) In einem Bande. Taschenformat . . . kart. M 0,80

5. Vorschriften für die Errichtung elektrischer Starkstromanlagen nebst Ausführungsregeln. Ausgabe für Bergwerke. (Gültig ab 1. I. 1908 beziehungsweise 1910.) — Vorschriften für den Betrieb elektrischer Starkstromanlagen nebst Ausführungsregeln. (Gültig ab 1. I. 1910.) — Anleitung zur ersten Hilfeleistung usw. (Gültig ab 1. VII. 1907.) In einem Bande. Taschenformat . . . . M 1,—

6. Vorschriften für den Betrieb elektrischer Starkstromanlagen nebst Ausführungsregeln. (Gültig ab 1. I. 1910.)
    Plakatausgabe auf Kartonpapier. 10 Exemplare . . . . M 3,—
    Plakatausgabe auf Blechtafeln. 1 Exemplar . . . . M 1,80

7. Vorschriften für den Betrieb elektrischer Starkstromanlagen nebst Ausführungsregeln. (Gültig ab 1. I. 1910.) — Anleitung zur ersten Hilfeleistung bei Unfällen im elektrischen Betriebe. (Gültig ab 1. VII. 1907.) — Empfehlenswerte Maßnahmen bei Bränden. (Gültig ab 1. VII. 1905.) Taschenformat. 1 Exemplar . . . . M 0,30

8. Sicherheitsvorschriften für elektrische Straßenbahnen und straßenbahnähnliche Kleinbahnen. (Gültig ab 1. X. 1906.) Taschenformat . . . kart. M 0,50

9. Anleitung zur ersten Hilfeleistung bei Unfällen in elektrischen Betrieben. (Gültig ab 1. VII. 1907.)
    Taschenformat. 10 Exemplare . . M 0,60
    Plakatformat auf Kartonpapier. 10 Exemplare . . . . M 3,—
    Plakatausgabe auf Blechtafeln. 1 Exemplar . . . . M 1,80

10. Empfehlenswerte Maßnahmen bei Bränden. (Gültig ab 1. VII. 1905 u. 1910.)
    Taschenformat. 10 Exemplare . . M 0,25
    Plakatformat auf Kartonpapier. 10 Exemplare . . . . M 3,—
    Plakatformat auf Blechtafeln. 1 Exemplar . . . . M 1,80

11. Normalien für Leitungen. (Gültig ab 1. VII. 1909, 1. I. 1910 bezw. 1. VII. 1910) M 0,40

12. Normalien für Freileitungen nebst Erläuterungen. (Gültig ab 1. I. 1908.) M 0,25

13. Normalien für Bewertung und Prüfung von elektrischen Maschinen und Transformatoren. (Gültig ab 1. I. 1910.) — Normalien für die Bezeichnung von Klemmen bei Maschinen, Anlassern, Regulatoren und Transformatoren. (Gültig ab 1. I. 1910.) — Normale Bedingungen für den Anschluß von Motoren an öffentliche Elektrizitätswerke. (Gültig ab 1. I. 1910.) — Normalien für die Verwendung von Elektrizität auf Schiffen. (Gültig ab 1. VII. 1904.) Taschenformat
kart. M 0,80

14. Allgemeine Vorschriften für die Ausführung elektrischer Starkstromanlagen bei Kreuzungen und Näherungen von Bahnanlagen. (Gültig ab 1. VII. 1908.) — Allgemeine Vorschriften für die Ausführung und den Betrieb neuer elektrischer Starkstromanlagen (ausschließlich der elektrischen Bahnen) bei Kreuzungen und Näherungen von Telegraphen- und Fernsprechleitungen. (Gültig ab 1.VII. 1908.) . . . . M 0,30

15. Vorschriften für die Konstruktion und Prüfung von Installationsmaterial. (Gültig ab 1. VII. 1909.) . . . . M 0,25

16. Leitsätze für die Herstellung und Einrichtung von Gebäuden bezüglich Versorgung mit Elektrizität. (Gültig ab 1. VII. 1910.) . . . . M 0,25

Sämtliche vorstehend aufgeführten Veröffentlichungen des Verbandes sind von der Verlagsbuchhandlung Julius Springer, Berlin, zu beziehen mit Ausnahme der Plakate auf Blechtafeln. Diese werden geliefert von der Firma J. Ed. Wunderle, Mainz.

Bei den unter Nr. 4 bis 13 und Nr. 16 aufgeführten Veröffentlichungen tritt bei gleichzeitigem Bezug einer größeren Anzahl eine Preisermäßigung ein. Nähere Angaben hierüber sind von der Verlagsbuchhandlung Julius Springer, Berlin, beziehungsweise der Firma J. Ed. Wunderle, Mainz, zu erhalten.

Außerdem wurden im Auftrage des Verbandes herausgegeben:

1. Erläuterungen zu den Vorschriften für die Errichtung elektrischer Starkstromanlagen und zu den Sicherheits-Vorschriften für elektrische Straßenbahnen von Dr. C. L. Weber, 10. Auflage, Verlag von Julius Springer. Preis geb. 4 M.

2. Erläuterungen zu den Normalien für Bewertung und Prüfung von elektrischen Maschinen und Transformatoren, den Normalen Bedingungen für den Anschluß von Motoren an öffentliche Elektrizitätswerke und den Normalien für die Bezeichnung von Klemmen bei Maschinen, Anlassern, Regulatoren und Transformatoren von G. Dettmar, 2. Auflage, Verlag von Julius Springer. Preis geb. 2,40 M.

Verband Deutscher Elektrotechniker (e. V.).

Der Generalsekretär:

G. Dettmar.

Versorgter Ort	Elektrizitätswerk	Versorgter Ort	Elektrizitätswerk	Versorgter Ort	Elektrizitätswerk
Calle	Hagen („Mark")	Cunsow	Beßwitz	Dhünn	Krähwinklerbrücke
Callnberg	Ölsnitz i. Erzg.	Cussow	Beßwitz		
Calme	Derenburg	Czierspitz	Stocksmühle	Dhünn	Ohligs
Cammerau	Waldenburg i. Schl.			Didenheim	Brunnstadt
Cammerforst	Mühlhausen i. Th.	**D**		Diedesfeld	Edenkoben
Canelgatzen	Thalmühle			Diedorf	Mühlhausen i. Th.
Cannawurf	Bretleben	Dabringhausen	Ohligs	Dienstorf	Mandelsloh
Cannewitz	Bautzen	Dachrieden	Mühlhausen i. Th.	Diepertshofen	Kleinkötz
Cannstadt	Neckarwerke	Dachstein	Straßburg	Diersheim	Straßburg
Capellen	Coblenz	Dachtel	Unterjesingen	Diesenbach	Haidhof
Caputh	Potsdam	Dagersheim	Unterjesingen	Dietendorf	Wandersleben
Carlsfeld	Bitterfeld	Daglfing	Riem	Dietersweiler	Glatten
Carlsfeld	Obererzgebirg.	Dahlem	Steglitz	Diethensdorf	Stein-Chemnitzthal
Carnap	Altenessen	Dahlhausen	Bochum („Westfalen")	Dietmannsried	Burg i. Allgäu
Carolagrün	Schönheide	Dahren	Bautzen	Dietzlings	Hubers
Caroxbostel	Hittfeld	Dallchau	Möckern	Dilkrath	Essen
Caschwitz	Langenberg-Gera	Dambach	Kapellenmühle	Dingelstedt	Crottorf
Cerlsdorf	Mupperg	Damm	Aschaffenburg	Dinglingen	Lahr
Charlottenbrunn	Waldenburg i. Schl.	Dammerkirch	Mülhausen i. Els.	Dinsheim	Straßburg
Chorzow	Oberschl. E.-W.	Danndorf	Weferlingen	Dippelsdorf	Niederlößnitz
Christatzhofen	Wangen	Danstedt	Derenburg	Dippolingen	Herrischried
Christgrün	Reichenbach i. V.	Dardesheim	Derenburg	Dirikum	Neuß
Christianstadt	Eichdorf	Darmsheim	Unterjesingen	Dischingen	Bachhagel
Chropaczow	Oberschl. E.-W.	Darsckow	Beßwitz	Disteln	Recklinghausen
Clausnitz	Ober-Lungwitz	Datteln	Bochum („Westfalen")	Disternich	Düren
Cleve	Essen	Dattenhausen	Bachhagel	Dittelsdorf	Neusalza
Coldingen	Hannover	Daube	Copitz	Dittersbach	Waldenburg i. Schl.
Conradsthal	Waldenburg i. Schl.	Dautschen	Prettin	Dittersdorf	Obererzgebirg.
Coplenz	Bautzen	Dechbetten	Haidhof	Dittmannsdorf	Waldenburg i. Schl.
Corbetha-Bahnhof	Dürrenberg	Deckbergen	Rinteln	Ditzingen	Münchingen
Cortel	Daufenbach	Deckenpfronn	Unterjesingen	Döbritschen	Camburg
Coschütz	Reichenbach i. V.	Deersheim	Derenburg	Döbschke	Bautzen
Cossengrün	Reichenbach i. V.	Degerloch	Möhringen	Dockenhuden	Blankenese
Coßmannsdorf	Deuben	Degersen	Hannover	Döffingen	Unterjesingen
Cospersgrün	Reichenbach i. V.	Deining	Isarwerke	Döhlen	Deuben
Cotlow	Beßwitz	Deisenhofen	Riem	Döhren	Hannover
Courl	Dortmund	Deizisau	Neckarwerke	Döhren	Weferlingen
Crandorf	Obererzgebirg.	Dekenpfronn	Unterjesingen	Dölau	Reichenbach i. V.
Crange	Recklinghausen	Delingsdorf	Bargteheide	Dolgen	Hannover
Creisfeld	Mansfeld	Delitzsch	Bitterfeld	Dolstheida	Mückenberg
Creuzthal	Siegen	Dellwig	Langschede	Dölzschen	Coschütz
Crimmitschau	Werdau	Delrath	Neuß	Dom Josefsdorf	Oberschles. E.-W.
Croischwitz	Schweidnitz	Demitz	Bautzen	Donaustauf	Haidhof
Cronberg	Soden	Denkendorf	Neckarwerke	Donndorf	Bretleben
Cronenberg	Ohligs	Denkwitz	Bautzen	Dönstedt	Weferlingen
Croppenstedt	Crottorf	Denning	Riem	Dorfen	Weidach
Crossen	Langenberg-Gera	Denstedt	Oberweimar	Dorfhain	Seifersdorf
Crossen	Mittweida	Denzen	Kirchberg	Dorfschellenberg	Oberlungwitz
Crotenlaide	Meerane	Deßdorf	Crottorf	Döringstadt	Ebensfeld
Crumbach	Essen	Dettingen	Neckarwerke	Dorlisheim	Straßburg
Culitzsch	Reichenbach i. V.	Deuben	Wurzen	Dörma	Mühlhausen i. Th.
Culsow	Beßwitz	Deuben, Bahnhof	Teuchern	Dornach	Brunnstadt
Culten	Werdau	Deufringen	Unterjesingen	Dornach	Mülhausen i. Els.
Cunewalde	Neusalza	Deutbavcen	Thalmühle	Dornach	Riem
Cunnersdorf	Coschütz	Deutenbach	Gerasmühle	Dornburg	Dorndorf
Cunnersdorf	Herrischdorf	Deutsch-Krone	Steinbusch	Dorndorf-Dornburg	Jena
Cunnersdorf	Reichenbach i. V.	Deutsch-Piekar	Oberschl. E.-W.	Dörnhau	Waldenburg i. Schl.
Cunsdorf	Reichenbach i. V.	Devese	Hannover	Dornholzhausen	Homburg

Versorgter Ort	Elektrizitätswerk	Versorgter Ort	Elektrizitätswerk	Versorgter Ort	Elektrizitätswerk
Dornmagen	Neuß	Edingen	Ladenburg	Emersleben	Crottorf
Dorotheend	Oberschles. E.-W.	Edinghausen	Gronau	Emden	Weferlingen
Dorstadt	Derenburg	Effelder	Mühlhausen i. Th.	Emleben	Wandersleben
Dörtel	Hohebach	Effringen	Nagold	Emmelndorf	Hittfeld
Dorub	Oberschl. E.-W.	Efringen	Rheinfelden	Emmerstedt	Helmstedt
Döteberg	Hannover	Egendorf	Salzhausen	Emmingen	Nagold
Dottenheim	Ipsheim	Egern	Weißach	Empelde	Hannover
Dotzheim	Eltville	Egestorf	Hannover	Empfingen	Horb
Draisdorf	Chemnitz	Egestorf	Münder	Engelsby	Flensburg-Ost
Drehwitz	Potsdam	Egg	Schonstedt	Engelschalking	Riem
Drei-Aehren	Türkheim	Eggenscheid	Hagen („Mark")	Engelschwand	Herrischried
Dreileben	Eilsleben	Eggenstedt	Eilsleben	Engern	Rinteln
Dreisbach	Dreis-Tiefenbach	Egghalden	Hubers	Eningen	Neckarwerke
Dreistern	Bautzen	Eggersheim	Düren	Enkesen	Werl
Dresden	Coschütz	Egisheim	Türkheim	Ennetach	Mengen
Driesch	Neuß	Eglingen	Bachhagel	Ensingen	Bissingen
Drohe	Wieren i. H.	Egringen	Rheinfelden	Ensisheim	Gebweiler
Droßdorf	Plauen i. V.	Egsow	Beßwitz	Entringen	Unterjesingen
Drove	Düren	Ehmen	Weferlingen	Enzheim	Straßburg
Drüber	Hollenstedt	Ehningen	Unterjesingen	Ependorf	Neuß
Dubberzin	Beßwitz	Ehrenbreitstein	Coblenz	Eppendorf	Bochum („Westfalen")
Dunstelkingen	Bachhagel	Ehrenfriedersdorf	Herold	Eppenreuth	Weiden
Düppigheim	Straßburg	Ehrenstein	Herrlingen	Eppsee	Langenberg-Gera
Durach	Au	Ehringsdorf	Oberweimar	Eptingen	Mücheln
Düren	Bochum („Westfalen")	Eibach	Gerasmühle	Erbach	Eltville
Dürhennersdorf	Neusalza	Eibau	Oberoderwitz	Erbach	Hachenburg
Durlach, Bahnhof	Karlsruhe Staatsbahn	Eibenberg	Ober-Lungwitz	Erbendorf	Weiden
Dürnau	Neckarwerke	Eich	Reichenbach i. V.	Erbenheim	Wiesbaden
Dürnbach	Gmund	Eichach	Jagsthausen	Erbishofen	Kleinkötz
Dürren	Wangen	Eichenau	Oberschl. E.-W.	Erbken	Düren
Dürrgoy	Gräbschen	Eichlinghofen	Kruckel	Erdmannsdorf	Marklissa
Düttelheim	Straßburg	Eichstetten	Oberhausen i. Br.	Erfenschlag	Chemnitz
		Eickel	Bochum („Westfalen")	Ergersheim	Straßburg
		Eickendorf	Weferlingen	Erkenbrechtsweiler	Neckarwerke
E		Eigenrieden	Mühlhausen i. Th.	Erkerend	Neuß
Ebendörfel	Bautzen	Eiglasdorf	Weiden	Erkrath	Essen-Ruhr
Ebenhausen	Isarwerke	Eilenstedt	Crottorf	Erla	Obererzgebirg.
Eberholzen	Gronau	Eilsdorf	Crottorf	Erlach	Achern
Ebern	Ebensfeld	Eimersleben	Weferlingen	Erlau	Mittweida
Ebersbach	Görlitz	Eiringhausen	Werdohl	Ermersricht	Weiden
Ebersbach	Neckarwerke	Eisenbach	Wörth a. J.	Ernne	Camburg
Ebersbrunn	Werdau	Eisern	Siegen	Ernolsheim	Straßburg
Ebersgrün	Pausa	Eitting	Erding	Ernsdorf	Creuzthal
Ebersmünster	Markirch	Eitzum	Gronau	Ernstach	Jagsthausen
Eberstall	Jettingen	Ekolstedt	Camburg	Ernsthausen	Halsdorf
Eberswalde	Hegermühle	Elberfeld	Ohligs	Ernsthof	Lottin
Echterdingen	Neckarwerke	Eldagsen	Hannover	Erxleben	Weferlingen
Eckamp	Essen	Ellen	Düren	Erzhausen	Greene
Eckartsberg	Zittau	Elmschenhagen	Raisdorf	Erzingen	Schaffhausen
Eckbolsheim	Straßburg	Elmstein	Appenthal	Esbeck	Elze
Eckersdorf	Deuben	Elsen	Rheydt	Esbeck	Helmstedt
Eckolstedt	Camburg	Elspetal	Hagen („Mark")	Eschbach	Münster i. Els.
Eckwersheim	Straßburg	Elsterberg	Noßwitz	Eschelbronn	Bammenthal
Eddelsen	Hittfeld	Elstra	Pulsnitz	Eschenau	Ansbach
Edeldorf	Weiden	Eltershofen	Cröffelbach	Eschenbach	Neckarwerke
Edersleben	Bretleben	Eltmannshausen	Albungen	Eschenrode	Weferlingen
Edesheim	Edenkoben	Emaus	Straschin-Prangschin	Escher	Rinteln
				Eschldorf	Weiden

Versorgter Ort	Elektrizitätswerk	Versorgter Ort	Elektrizitätswerk	Versorgter Ort	Elektrizitätswerk
Eschweiler	Düren	Frankenhausen	Werdau	Gaisbeuren	Waldsee
Esperstedt	Bretleben	Frankenthal	Langenberg-Gera	Gallingkofen	Haidhof
Etingen	Weferlingen	Franzen	Beßwitz	Gamelbygaard	Sörup
Ettenheim	Oberhausen i. Br.	Franz. Buchholz	Berlin	Gammelshausen	Neckarwerke
Ettenkirch	Brochenzell	Frauenprießnitz	Camburg	Gandersheim	Greene
Etzleben	Bretleben	Frauenriedhausen	Bachhagel	Gangshausen	Ilshofen
Euren	Trier	Frauenstein	Eltville	Gansbach	Schlappmühle
Eveking	Werdohl	Frauwüllersheim	Düren	Gansgrün	Reichenbach i. V.
Everingen	Weferlingen	Fredeburg	Gleidorf	Garlebsen	Greene
Everloh	Hannover	Freden	Gewerkschaft Hohenzollern, Freden	Garnberg	Künzelsau
Evern	Hannover			Gärtringen	Unterjesingen
Evestorf	Hannover	Freiburg	Waldenburg i. Schl.	Garzweiler	Rheydt
Evinghofen	Neuß	Freienwalde	Eberswalde	Gauangelloch	Bammenthal
Ewaldshof	Lottin	Freiham	Isarwerke	Gaumnitz	Teuchern
		Freiheit	Osterrode	Gaußig	Bautzen
F		Freimann	Isarwerke	Gebelkofen	Haidhof
		Freimersheim	Duttweiler	Geberschweier	Türkheim
Fahrnau	Zell i. Wiesenthal	Freising	Erding	Gebhardsdorf	Marklissa
Fähr	Blumenthal	Frellstedt	Helmstedt	Gebratzhofen	Wangen
Falldorf	Wachendorf	Freudenstadt	Glatten	Gehofen	Bretleben
Fallersleben	Weferlingen	Frickenhausen	Ochsenfurt	Gehrendorf	Weferlingen
Falkenberg	Berlin	Frickingen	Bachhagel	Gehüfse	Mücheln
Falkenberg	Eberswalde	Friedberg	Augsburg	Geibsdorf	Marklissa
Falkenwalde	Schwerin a. W.	Friedeberg	Marklissa	Geich	Düren
Falkenwalde	Lottin	Friedenheim	Isarwerke	Geiselgasteig	Isarwerke
Fantenbach	Achern	Friedersdorf	Colmnitz	Geisenbrunn	Isarwerke
Fasangarten	Isarwerke	Friedersdorf	Marklissa	Geisenfeld	Pfaffenhofen a. J.
Faurndau	Neckarwerke	Friedersdorf	Deutsch-Ossig	Geisenfeldwinsen	Pfaffenhofen a. J.
Fegersheim	Straßburg	Friedland	Waldenburg i. Schl.	Geisenhausen	Pfaffenhofen a. J.
Feldafing	Starnberg	Friedrichsfeld Bhf.	Mannheim Staatsb.	Geisenheim	Eltville
Feldkirchen	Riem	Friedrichsfelde	Berlin	Geißlingen	Schaffhausen
Feldmoching	Isarwerke	Friedrichsort	Pries	Geispolsheim	Straßburg
Feldolling	Feldkirchen	Friedrichstal	Saarbrücken	Geldern	Essen
Feldwiese	Reichenbach i. V.	Friesen	Reichenbach i. V.	Gelsenkirchen	Essen (Rh.-Westf. E.-W.)
Fellbach	Neckarwerke	Friesenheim	Schaffhausen	Gelting	Riem
Felleringen	Mülhausen i. Els.	Frohnhausen	Fröndenberg	Gendertheim	Straßburg
Fellhammer	Waldenburg i. Schl.	Froitzheim	Düren	Gennebreck	Barmen
Fellinghausen	Creuzthal	Fugau	Neusalza	Georgenthal	Brunndöbra
Fettehenne	Schlebusch	Fuhlen	Rinteln	Georgshütte	Laurahütte
Feuerbach	Neckarwerke	Fürdenheim	Straßburg	Georgswalde	Neusalza
Fiefharrie	Neumünster	Fürstenried, Schloß	Isarwerke	Geradstetten	Neckarwerke
Filippsdorf	Neusalza	Fürstenstein	Albungen	Gerbersdorf	Weiden
Fischen	Waltenhofen	Furth	Chemnitz	Gerharting	Riem
Fischergasse	Meißen	Furth	Riem	Germering	Isarwerke
Fischingen	Rheinfelden	Fürth a. B.	Mupperg	Germete	Warburg
Flainischdorf	Neumarkt	Fürth i. Od.	Mörlenbach	Gerolsbach	Pfaffenhofen
Flechtingen	Weferlingen	Furtwangen	Triberg	Gerresheim	Düsseldorf
Fleckenberg	Gleidorf	Füßen	Reutte i. Tirol	Gersdorf	Ölsnitz i. Erzgeb.
Fleinheim	Bachhagel	Füßenich	Düren	Gersdorf	Werdau
Flemmingen	Hartha			Gersheim	Walsheim
Forchheim	Oberhausen i. Br.	**G**		Gersthofen	Augsburg
Fördergersdorf	Deuben			Gerthe	Bochum
Förmbach	Pfaffenhofen a. J.	Gablenz	Obererzgebirg.	Gesau	Glauchau
Forst	Wachenheim	Gablenz	Werdau	Geschwind	Utzenfeld
Forstenried	Isarwerke	Gadderbaum	Bethel	Gestorf	Hannover
Frankenau	Mittweida	Gadeland	Neumünster	Geuz	Cöthen
Frankendorf	Oberweimar	Gahmen	Dortmund	Geveindorf	Hagen
Frankenhausen	Albungen	Gaiberg	Bammenthal	Gevelsberg	Schwelm

Versorgter Ort	Elektrizitätswerk	Versorgter Ort	Elektrizitätswerk	Versorgter Ort	Elektrizitätswerk
Gewenheim	Mülhausen	Gößweinstein	Ebermannstadt	Großhadern	Isarwerke
Giegengrün	Obererzgebirg.	Gottesberg	Waldenburg i. Schl.	Groß-Harrie	Neumünster
Gildehaus	Bentheim	Gottesgrün	Reichenbach i. V.	Groß-Hertzberg	Lottin
Giften	Hannover	Gottmadingen	Schaffhausen	Großhesselohe	Isarwerke
Gilching	Isarwerke	Götzenthal	Meerane	Großhöllnbach	Neumühle
Gilverath	Neuß	Gotzkow	Lottin	Großingersheim	Münchingen
Ginnick	Düren	Göxe	Hannover	Groß-Jena	Freyburg
Girbelsrath	Düren	Gräben	Waldenburg i. Schl.	Groß-Königsdorf	Frechen
Gisbigsdorf	Görlitz	Grafenhausen	Oberhausen i. Br.	Großkötz	Kleinkötz
Gitter	Ringelheim	Grafenstaden	Eschau	Großkuchen	Bachhagel
Gittersee	Coschütz	Gräfenstuhl	Mansfeld	Groß-Lappen	Isarwerke
Gladbach	Düren	Gräflfing	Isarwerke	Groß-Lichterfelde	Steglitz
Gladbeck	Essen(Rh.-Westf. E.-W.)	Gräfrath	Ohligs	Groß-Munzel	Hannover
GlashütteBärenwalde	Lottin	Graitschen	Camburg	Großobringen	Oberweimar
Glashütten	Herrischried	Grasbrunn	Riem	Großölsa	Deuben
Glaslern	Wartenberg	Grasdorf	Hannover	Groß-Ölsa	Seifersdorf
Glatz	Labitsch	Grasdorf	Taucha	Groß-Örner	Mansfeld
Glehn	Neuß	Grasleben	Weferlingen	Groß-Quenstedt	Crottorf
Gleidingen	Hannover	Graß	Haidhof	Groß-Rhüden	Klein-Rhüden
Gleina	Langenberg-Gera	Grauingen	Weferlingen	Groß-Romstedt	Camburg
Gleißenthal	Weiden	Grebendorf	Niederhone	Großsachsen	Ladenburg
Gleiwitz	Oberschl. E.-W.	Grefrath	Essen-Ruhr	Groß-Särchen	Lausitzer E.-W.
Glendorf	Weferlingen	Grefrath	Neuß	Großschönau	Olbersdorf
Glienicke	Potsdam	Greiffenberg	Marklissa	Groß-Schönebeck	Eberswalde
Glörfeld	Hagen („Mark")	Gremblin	Stocksmühle	Groß-Seitschen	Bautzen
Glowitz	Schojow	Grenzach	Rheinfelden	Groß-Silkow	Beßwitz
Gnadenfrei	Langenbielau	Grenzhausen	Höhr	Groß-Sisbeck	Weferlingen
Gnadenfrei	Nieder-Peilau	Greppin	Bitterfeld	Groß-Süssen	Süssen
Gnadental	Neuß	Greßweiler	Straßburg	Großtaga	Langenberg-Gera
Gniebsdorf	Bürgel	Grevel	Dortmund	Großtreben	Prettin
Gnöllzig	Alsleben	Grevenbroich	Rheydt	Groß-Twülpstedt	Weferlingen
Göbrichen	Eutingen	Griesbach	Obererzgebirg.	Großwelka	Bautzen
Göda	Bautzen	Grießen	Schaffhausen	Groß-Welzheim	Dettingen
Göddeckenrode	Derenburg	Grießenbach	Wörth a. J.	Groß-Ziethen	Berlin
Gödringen	Hannover	Griesheim	Achern	Groß-Zöbern	Pirk
Göggingen	Augsburg	Grimlinghausen	Neuß	Grottensee	Hammerschrott
Gohlis	Cossebaude	Grinden	Ohligs	Grötzingen	Neckarwerke
Gohr	Neuß („Mark")	Grintschen	Camburg	Gruiten	Ohligs
Goldbach	Oberweimar	Gröba	Riesa	Gruna	Langenberg-Gera
Goldbach	Marklissa	Groitschen	Kretschau	Grün	Lengenfeld i. V.
Goldschmieden	Deutsch-Lissa	Grolsdorf	Langenberg-Gera	Grün	Reichenbach i. V.
Gollmütz	Schwerin a. W.	Gröningen	Crottorf	Grüna	Ober-Lungwitz
Goltzheim	Düren	Gronsdorf	Riem	Grunau	Marklissa
Golzen	Freyburg	Groppendorf	Weferlingen	Grünau	Berlin
Golzow	Eberswalde	Groß-Alsleben	Crottorf	Grünbach	Trieb
Gönningen	Neckarwerke	Groß-Biewende	Derenburg	Grünberg	Eichdorf
Göppersdorf	Ober-Lungwitz	Groß-Börnecke	Derenburg	Grundschöttel	Kruckel
Göppingen	Neckarwerke	Groß-Buchholz	Hannover	Grünenbaum	Hagen („Mark")
Görbersdorf	Waldenburg	Großburgk	Coschütz	Grunern	Staufen
Göritzhain	Stein-Chemnitzthal	Groß-Burgwedel	Hannover	Grunewald	Steglitz
Gornau	Dittersdorf	Groß-Dingharting	Isarwerke	Grunewald-Bahnhof	Charlottenburg
Gornsdorf	Oelsnitz	Groß-Eislingen	Süssen	Grünhain	Obererzgebirg.
Gorsleben	Bretleben	Groß-Flintbek	Voorde	Grünhof	Lottin
Görwihl	Herrischried	Groß-Förste	Hannover	Grünstadtal	Obererzgebirg.
Gösen	Floß	Groß-Giesen	Hannover	Grünwald	Isarwerke
Gosenbach	Eiserfeld	Groß-Goltern	Hannover	Gültlingen	Unterjesingen
Goslar	Derenburg	Großgrabe	Mühlhausen i. Th.	Gültstein	Unterjesingen
Gosseltshausen	Pfaffenhofen a. J.	Großgschepa	Wurzen	Gumenz	Beßwitz

Versorgter Ort	Elektrizitätswerk	Versorgter Ort	Elektrizitätswerk	Versorgter Ort	Elektrizitätswerk
Gümmer	Hannover	Harbke	Weferlingen	Heiersdorf	Oberlungwitz
Gündringen	Nagold	Harenberg	Hannover	Heiligendorf	Weferlingen
Gunnersdorf	Frankenberg	Harkenbleck	Hannover	Heiligenhaus	Essen (Rh.-Westf. E.-W.)
Gunzenham	Schonstedt	Harnlah	Ringelheim	Heiligenkirchen	Detmold
Guretzki	Oberschl. E.-W.	Harpersdorf	Langenberg-Gera	Heiligenstadt	Peising
Gürzenich	Düren	Harras	Bretleben	Heimburg	Crottorf
Gustavsburg	Mainz	Harsleben	Crottorf	Heimstetten	Riem
Gustentschel	Glogau	Hartau	Waldenburg i. Schl.	Heiningen	Derenburg
Guteborn	Meerane	Hartenberg	Marklissa	Heiningen	Neckarwerke
Güttmannsdorf	Langenbielau	Hartenstein	Ölsnitz	Heinrichsort	Oelsnitz
Gützingen	Schäftersheim	Hartha	Deuben	Heinrichswalde	Lottin
		Harthau	Werdau	Heinum	Gronau
H		Harting	Haidhof	Heisede	Hannover
		Hartmannsdorf	Langenberg-Gera	Heißen	Essen (Rh.-Westf. E.-W.)
Haagen	Rheinfelden	Hartmannsdorf	Ober-Lungwitz	Helbra	Mansfeld
Haan	Ohligs	Hartmannsgrün	Reichenbach i. V.	Helderfingen	Heuchlingen
Haar	Riem	Hasede	Hannover	Helfenberg	Dresden
Haara	Obererzgebirg.	Haslach	Illachmühle	Hellkofen	Schlappmühle
Haardt	Neustadt	Haslach	Unterjesingen	Helmersdorf	Floh
Haaren	Kohlscheid	Häslich	Pulsnitz	Helmsgrün	Reichenbach i. V.
Habichtswald	Cassel-Wilhelms-höhe	Hasselbeck	Essen	Helstorf	Mandelsloh
		Hasselburg	Weferlingen	Hemerden	Neuß
Habsheim	Mülhausen i. Els.	Haste	Osnabrück	Hemeringen	Rinteln
Hacheney	Kruckel	Hattenheim	Eltville	Hemleben	Bretleben
Hachtel	Hohebach	Hattenhofen	Neckarwerke	Hemmingen	Hannover
Hackpfüffel	Bretleben	Hattingen	Bochum („Westfalen")	Hemmingen	Münchingen
Hadmersleben	Crottorf	Hattstadt	Türkheim	Hemsendorf	Prettin
Hafenlohr	Marktheidenfeld	Haunsheim	Bachhagel	Hennersdorf	Görlitz
Hagenau	Straßburg	Hauptbrunn	Rodewisch	Herbede	Bochum („Westfalen")
Hagenbach	Hall	Hausen	Heuchlingen	Herbolzheim	Oberhausen i. Br.
Hagendingen	Gewerkschaft Jacobus b. Metz	Hausen	Zell i. Wiesental	Herborn	Oberscheld
		Häusern	Türkheim	Herbsthausen	Hohebach
Hahnerberg	Ohligs	Hausfelde	Lottin	Herdecke	Hagen („Mark")
Haid	Schonstedt	Hausham	Miesbach	Hergisdorf	Mansfeld
Hailfingen	Unterjesingen	Haus-Leitz	Alsleben	Herlasgrün	Reichenbach i. V.
Haimar	Hannover	Haus-Meer	Neuß	Herlatzhofen	Wangen
Hainfeld	Edenkoben	Haus-Nienburg	Crottorf	Hermannsdorf	Breslau U.-Z.
Hainichen	Meerane	Hauswalde	Großröhrsdorf	Hermannsgrün	Reichenbach i. V.
Hainsberg	Deuben	Hausweiler	Großblittersdorf	Hermsdorf	Herrischdorf
Hackenstedt	Weferlingen	Hauteroda	Bretleben	Hermsdorf	Marklissa
Halden	Hagen („Mark")	Havixhorst	Oster-Steinbeck	Hermsdorf	Ober-Lungwitz
Halensee-Bahnhof	Charlottenburg	Hayeshausen	Greene	Hermstedt	Camburg
Halfing	Schonstedt	Hebsack	Neckarwerke	Hermuthausen	Ingelfingen
Hallerburg	Nordstemmen	Hechingen	Jagsthausen	Herne	Bochum („Westfalen")
Hallgarten	Eltville	Hecklingen	Oberhausen i. Br.	Heroldshausen	Mühlhausen i. Th.
Hallmesricht	Weiden	Hecklingen	Staßfurt	Herrenberg	Unterjesingen
Halstenbek	Rellingen	Heddesheim	Ladenburg	Herrendorf	Georgenthal
Haltingen	Rheinfelden	Hedelfingen	Neckarwerke	Herrenhausen	Hannover
Hambach	Edenkoben	Hedeper	Derenburg	Herrenprinern	Hohebach
Hamborn	Essen (Rh.-Westf. E.-W.)	Hedwigsburg	Derenburg	Herressen	Oberroßla
Hamelspringe	Münder	Heegermühle	Eberswalde	Herrischried	Rheinfelden
Hamersleben	Crottorf	Heessel	Burgdorf	Herrischwand	Herrischried
Hammacher	Hagen („Mark")	Hegelhofen	Kleinkötz	Hersberg	Rheinfelden
Hammer	Eberswalde	Hegensberg	Neckarwerke	Herstelle	Helmarshausen
Hammersbeck	Blumenthal	Hegge	Weidach	Herzberg	Altherzberg
Hammerstein	Lottin	Hehlingen	Weferlingen	Herzkamp	Barmen
Handschuhheim	Straßburg	Heide	Neuß	Herzogenrath	Kohlscheid
Hangenbieten	Straßburg	Heidelberg-Bahnh.	Mannheim Staatsbahn	Herzogpark	Riem

Versorgter Ort	Elektrizitätswerk	Versorgter Ort	Elektrizitätswerk	Versorgter Ort	Elektrizitätswerk
Herzogswaldau	Naumburg	Hohenwart	Pfaffenhofen a. J.	Hüddessum	Hannover
Hesselbach	Dümmlinghausen	Hohlstedt	Bretleben	Hugstetten	Oberhausen i. Br.
Hessenthal	Hall	Hohndorf	Ölsnitz i. Erzg.	Hülben	Neckarwerke
Hettenrodt	Kirschweiler	Hohndorf	Reichenbach i. V.	Hülchrath	Neuß
Hettstedt	Mansfeld	Hohnsen	Hachmühlen	Hunaweier	Türkheim
Heudeber	Derenburg	Höhscheid	Ohligs	Hundheim	Offenbach am Glan
Heumaden	Neckarwerke	Hoisten	Neuß	Hundsdiek	Dahl
Heven	Bochum („Westfalen")	Hollenbach	Hohebach b.	Hundshübel	Obererzgebirg.
Heyerode	Mühlhausen i. Th.		Künzelsau	Hungersdorf	Wörth a. D.
Heyersum	Nordstemmen	Höllriegelsgereuth	Isarwerke	Hüngheim	Jagsthausen
Heygendorf	Bretleben	Höllstein	Rheinfelden	Hüningen	Rheinfelden
Hiddesdorf	Hannover	Holten	Essen(Rh.-Westf. E.-W.)	Hüppede	Hannover
Hiddesen	Detmold	Holtendorf	Görlitz	Hürben	Breitenthal
Hießfeld	Essen(Rh.-Westf.E.-W.)	Holtensen	Hannover	Husberg	Neumünster
Hilden	Ohligs	Holthausen	Hagen („Mark")	Hüsseren	Mülhausen i. Els.
Hildrizhausen	Unterjesingen	Holthausen	Werdohl	Hüthum	Essen
Hindelang	Sonthofen	Holtum	Werl	Hütten	Herrischried
Hintergersdorf	Deuben	Holz	Rheydt	Hütten	Königstein
Hintermauer	Meißen	Holzbüttgen	Neuß		
Hintersee	Prettin	Holzen	Ehingen		
Hinterstein	Sonthofen	Holzen	Kruckel	**J**	
Hirschberg	Marklissa	Holzgerlingen	Unterjesingen		
Hirschfeld	Obererzgebirg.	Holzham	Schonstett	Ibenthaun	Haidhof
Hirschfeld	Reichenbach i. V.	Holzheim	Neckarwerke	Ichenhausen	Kleinkötz
Hirsingen	Mühlhausen	Holzheim	Neuß	Ichstedt	Bretleben
Hirzbach	Mühlhausen	Holzheim	Straßburg	Ichtratzheim	Straßburg
Hitdorf	Ohligs	Holzkirch	Marklissa	Ickelheim	Ipsheim
Hocha	Waldmünchen	Holzkirchen	Isarwerke	Idar	Oberstein
Hochdorf	Nagold	Holzwickede	Kruckel	Idaweiche	Oberschl. E.-W.
Hochdorf	Neckarwerke	Homberg	Essen	Ihinghof	Unterjesingen
Hochkirchen	Düren	Homburg	Mülhausen i. Els.	Ihme	Hannover
Hochlar	Recklinghausen	Höntrop	Bochum („Westfalen")	Ihmert	Hagen („Mark")
Hochneukirch	Rheydt	Hönze	Gronau	Ihmerterbach	Hagen („Mark")
Hochsal	Herrischried	Hoppenstedt	Derenburg	Ihringen	Oberhausen i. Br.
Hochstadt	Mülhausen	Horath	Barmen	Illerzell	Ulm
Hochwalde	Schwerin a. W.	Horchheim	Coblenz	Illfurt	Mülhausen i. Els.
Höckendorf	Glauchau	Hörde	Kruckel	Illingen	Münchingen
Höckendorf	Meerane	Hordorf	Crottorf	Illkirch	Eschau
Höckendorf	Seifersdorf	Hördt	Straßburg	Illzach	Mülhausen
Hödingen	Weferlingen	Horf	Mupperg	Ilten	Hannover
Hof	Rosbach	Hormersdorf	Oelsnitz	Ilversgehofen	Erfurt
Hogschür	Herrischried	Hornhausen	Crottorf	Ilvesheim	Ladenburg
Hohbüch	Lottin	Hörsingen	Weferlingen	Immenhausen	Unterjesingen
Hohbühn	Straßburg	Horst	Essen(Rh.-Westf. E.-W.)	Immensen	Hollenstedt
Hohenbergen	Mühlhausen i. Th.	Hösel	Essen-Ruhr	Indorf	Pretzla
Hohenbostel	Hannover	Hostedde	Dortmund	Ingeln	Hannover
Hohenbrunn	Riem	Hosterwitz	Dresden	Ingersheim	Türkheim
Hohenfinow	Eberswalde	Hotteln	Hannover	Ippensen	Greene
Hohengrün	Rodewisch	Hottingen	Herrischried	Irchwitz	Reichenbach i. V.
Hohenheim	Neckarwerke	Hötzelsroda	Stockhausen	Irfersgrün	Reichenbach i. V.
Hohenholz	Lottin	Hoven	Düren	Irl	Haidhof
Hohenlimburg	Hagen („Mark")	Hoven	Zülpich	Irschenhausen	Isarwerke
Hohenlinde	Oberschl. E.-W.	Höver	Hannover	Iselshausen	Nagold
Hohenmemmingen	Hermaringen	Hoyren	Lindau	Isenheim	Gebweiler
Hohensachsen	Ladenburg	Hubelrath	Essen	Iserlohn	Hagen („Mark")
Hohen Scharsow	Beßwitz	Hücheln	Frechen	Isingerode	Derenburg
Hohenschwangau	Reutte i. Tirol	Huckingen	Essen	Isny	Wangen
Hohenstein	Ober-Lungwitz	Huckarde	Gelsenkirchen	Issel	Ehrang

Versorgter Ort	Elektrizitätswerk	Versorgter Ort	Elektrizitätswerk	Versorgter Ort	Elektrizitätswerk
Ittenheim	Straßburg	Karsau	Rheinfelden	Kirchhundem	Altenhundem
Itzling	Pretzla	Karthaus - Prüll	Regensburg	Kirchrode	Hannover
Ivenrode	Weferlingen	Kastel	Mainz	Kirchsteinbek	Schiffbek
Jacobwüllesheim	Düren	Katernberg	Neviges	Kirchtrudering	Riem
Jagstroth	Unterscheffach	Kathendorf	Weferlingen	Kirchwehren	Hannover
Jahnsbach	Thum	Kattowitz	Oberschl. E.-W.	Kirrweiler	Edenkoben
Jahnsdorf	Ober-Lungwitz	Katzenthal	Türkheim	Kirschau	Neusalza
Japenzin	Neubrandenburg	Kayh	Unterjesingen	Kisselbach	Saarbrücken
Jätschau	Glogau	Kaynsberg	Utenbach	Kissenbrück	Derenburg
Jauernick	Deutsch-Ossig	Keferlohe	Riem	Kitzendorf	Bitterfeld
Jebenhausen	Neckarwerke	Kehl	Straßburg	Klaffenbach	Chemnitz
Jeinsen	Hannover	Keindorf	Weferlingen	Klandorf	Eberswalde
Jerisau	Glauchau	Kelkheim	Soden	Klein-Algermissen	Hannover
Jerstedt	Bredelem	Kelz	Düren	Klein-Alsleben	Crottorf
Jessen	Prettin	Kemnat	Neckarwerke	Klein-Bartensleben	Weferlingen
Jeßnitz	Bitterfeld	Kemnitz	Cossebaude	Kleinbauchlitz	Döbeln
Jestädt	Niederhone	Kemnitz	Lausitzer E.-W.	Kleinbiewende	Derenburg
Jestetten	Schaffhausen	Kempen	Essen	Klein-Buchholz	Hannover
Jettenburg	Unterjesingen	Kempfenhausen	Weidach	Kleinburgk	Coschütz
Jocketa	Reichenbach i. V.	Kempten	Bingen	Klein-Dingharting	Isarwerke
Johanneskirchen	Riem	Kemtau	Ober-Lungwitz	Klein-Eislingen	Süssen
Johannisberg	Eltville	Kennenburg	Neckarwerke	Kleinenbroich	Neuß
Johannisthal	Berlin	Kerkrade	Kohlscheid	Klein-Flottbeck	Nienstedten
Jüchen	Rheydt	Kervendonk	Essen	Kleinförstchen	Bautzen
Jülich	Aachen-Kreisamt	Kervenheim	Essen	Kleingera	Reichenbach i. V.
Jüngental	Cröffelbach	Kerzdorf	Marklissa	Kleingewalde	Görlitz
Jungholz	Gebweiler	Keßburg	Deutsch-Krone	Klein-Giesen	Hannover
Jungholz	Wertach	Kestenholz	Kapellenmühle	Kleinglattbach	Bissingen
Junkersdorf	Frechen	Ketsch	Schwetzingen	Kleingrabe	Mühlhausen i. Th.
Junkersdorf	Düren	Ketschendorf	Coburg	Kleinhadern	Isarwerke
		Kettershausen	Breitenthal	Klein-Haidau	Deutsch-Lissa
		Kettwig	Essen (Rh.-Westf. E.-W.)	Kleinhammer	Werdohl
K		Kiedrich	Eltville	Kleinharrie	Neumünster
Kaarst	Neuß	Kiefenholz	Wörth a. D.	Kleinherbede	Bochum („Westfalen")
Kabel	Hagen („Mark")	Kiefing	Pretzen	Kleinhessen	Werdau
Käferthal	Mannheim (Stadt)	Kiel	Raisdorf	Kleinhof	Dobrilugk
Kahl	Dettingen	Kienzheim	Türkheim	Kleinkems	Rheinfelden
Kahmer	Reichenbach i. V.	Kieselbronn	Eutingen	Kleinkromsdorf	Großkromsdorf
Kaimt	Zell a. Mosel	Kieslingswalde	Marklissa	Kleinkuchen	Bachhagel
Kainscht	Schwerin a. W.	Kietz	Neustadt i. Meckl.	Klein-Mochbern	Gräbschen
Kaiserswaldau	Marklissa	Kilchberg	Unterjesingen	Klein-Munzel	Hannover
Kaiserswalde	Neusalza	Kingersheim	Mülhausen i. Els.	Kleinnaundorf	Coschütz
Kalau	Schwerin	Kippenheim	Oberhausen i. Br.	Klein-Netterden	Essen
Kalbsrieth	Bretleben	Kipsdorf	Schmiedeberg	Klein-Neuendorf	Deutsch-Ossig
Kalk	Cöln	Kirberg	Dauborn	Kleinneuschönberg	Olbernhau
Kallkappen	Tilsit	Kirchberg	Illshofen	Klein-Ölsa	Deuben
Kaltendorf	Öbisfelde	Kirchberg	Ölsnitz i. Erzg.	Kleinölsa	Seifersdorf
Kaltwasser	Waldenburg i. Schl.	Kirchditmold	Cassel-Wilhelmshöhe	Klein-Ostheim	Dettingen
Kamin	Oberschl. E.-W.			Kleinpraga	Bautzen
Kändler	Ober-Lungwitz	Kirchdorf	Bruckmühl	Klein-Quenstedt	Crottorf
Känitsch	Prettin	Kirchdorf	Hannover	Klein-Röbern	Elbing
Kapellendorf	Oberweimar	Kirchen	Rheinfelden	Klein-Romstedt	Camburg
Kappel	Buchau	Kirchenende	Hagen („Mark")	Kleinschwiersen	Beßwitz
Kappel	Oberhausen i. Br.	Kirchentellingsfurt	Unterjesingen	Kleinseidau	Bautzen
Kareth	Haidhof	Kirchheiligen	Mühlhausen i. Th.	Klein-Seitschen	Bautzen
Karf	Oberschl. E.-W.	Kirchheim	Neckarwerke	Klein-Silkow	Beßwitz
Karlsbriese	Neu-Trebbin	Kirchheim	Riem	Klein-Sisbeck	Weferlingen
Karlshorst	Berlin	Kirchhörde	Kruckel	Klein-Steimke	Weferlingen

Versorgter Ort	Elektrizitätswerk	Versorgter Ort	Elektrizitätswerk	Versorgter Ort	Elektrizitätswerk
Klein-Süssen	Süssen	Kraftsdorf	Langenberg-Gera	Landringhausen	Hannover
Kleintaga	Langenberg-Gera	Kraiburg	Maximilian	Landsberg	Bitterfeld
Kleintscheinsch	Gräbschen	Krailling	Isarwerke	Landser	Mülhausen
Klein-Twülpstedt	Weferlingen	Krauschwitz	Lausitzer E.-W.	Landsham	Riem
Kleinwelka	Bautzen	Krausendorf	Waldenburg i. Schl.	Landshausen	Bachhagel
Kleinwennigsen	Hannover	Krauthausen	Düren	Langeln	Derenburg
Klein-Ziethen	Berlin	Kray	Essen (Rh.-Westf. E.-W.)	Langenau	Kleinkötz
Klein-Zöbern	Pirk	Kreiensen	Greene	Langenbach	Vöhrenbach
Klenkheim	Ebensfeld	Kreuzau	Düren	Langenberg	Obererzgebirg.
Klingenberg	Colmnitz	Krewellin	Eberswalde	Langenbernsdorf	Werdau
Klingenberg	Seifersdorf	Krieschendorf	Dresden	Langendreer	Bochum
Klingenburg	Jettingen	Kriwan	Beßwitz	Langenhagen	Hannover
Klingenthal	Straßburg	Krofdorf	Gießen	Langenhessen	Werdau
Klistow	Trebbin	Kronshagen	Hasseldieksdamm	Langenöls, Mittel-	Marklissa
Klosterfelde	Eberswalde	Krumbach	Breitenthal	Langenpfuhl	Schwerin a. W.
Klostergars	Gars	Krumhermersdorf	Ober-Lungwitz	Langenreinsdorf	Werdau
Kloster-Kühr	Gondorf	Krummennaab	Weiden	Langenscheid	Hagen („Mark")
Klostermansfeld	Mansfeld	Kubitz	Langenberg-Gera	Langenstein	Derenburg
Klotzsche	Niederlößnitz (Sa.)	Küblingen	Schöppenstedt	Langerfeld	Schwelm
Knurow	Oberschl. E.-W.	Kückelheim	Werdohl	Langerwehe	Düren
Koben	Langenberg-Gera	Küggeberg	Schwelm	Langreder	Hannover
Kochlowitz	Oberschl. E.-W.	Kühbach	Pfaffenhofen a. J.	Languba	Mühlhausen i. Th.
Köfering	Haidhof	Kühnhaide	Obererzgebirg.	Langwaltersdorf	Waldenburg i. Schl.
Kohlau	Waldenburg i. Schl.	Kulitz	Stocksmühle	Langweid	Augsburg
Kohlfurt	Görlitz	Küllstedt	Mühlhausen i. Th.	Langwied	Isarwerke
Kolbsheim	Straßburg	Kümmernitz	Breddin	Lanke	Eberswalde
Kollnau	Waldkirch	Kunnersdorf	Görlitz	Lankwitz	Steglitz
Köndringen	Oberhausen i. Br.	Kunnersdorf	Bernstedt	Lanz	Weiden
Köngen	Neckarwerke	Kunnerwitz	Deutsch-Ossig	Lappersdorf	Haidhof
Königsborn	Dortmund	Kunzenbüttel	Berne	Lasbeck	Havixbeck
Königschaffhausen	Oberhausen i. Br.	Kunzendorf	Oberschl. E.-W.	Latoswehren	Hannover
Königsfeld	Pfaffenhofen a. J.	Kunzendorf	Waldenburg i. Schl.	Latsch	Weiden
Königshain	Görlitz	Kupferzell	Künzelsau	Latussa	Lank
Königstein	Herrlingen	Küppersteg	Ohligs	Lauba	Neusalza
Königstein	Soden	Kuppingen	Unterjesingen	Lauban	Marklissa
Königswald N. M.	Birnbaum	Kürbitz	Pirk	Laucha	Freyburg
Königswalde	Neusalza	Kurstein	Stocksmühle	Laucherthal	Sigmaringen
Königswalde	Schwerin a. W.	Kurzenried	Illachmühle	Laudenbach	Schäftersheim
Königszelt	Waldenburg i. Schl.	Kusitz	Langenberg-Gera	Lauenförde	Helmarshausen
Koppenbach	Pfaffenhofen a. J.	Kusterdingen	Unterjesingen	Lauenhain	Mittweida
Koppenhof	Gerasmühle			Lauenhein	Werdau
Kork	Straßburg	**L**		Lauerbach	Erbach i. T.
Körner	Mühlhausen i. Th.	Laatzen	Hannover	Laufamholz	Hammer
Kornwestheim	Neckarwerke	Laband	Oberschl. E.-W.	Laufen	Heilbronn
Koschütz	Langenberg-Gera	Laberweinting	Grafentraubach	Laufen	Mülhausen
Kösen-Bad	Camburg	Labes	Prütznow-Labes	Lauhof	Zarnekow
Köslitz	Deutsch-Ossig	Labuhn	Beßwitz	Laurensberg	Kohlscheid
Kösnitz	Camburg	Lachen	Duttweiler	Lautenbach	Gebweiler
Koßweiler	Straßburg	Ladeburg	Möckern	Lauter	Ölsnitz i. V.
Köstritz	Langenberg Gera	Lähn	Marklissa	Lauterbach	Ölsnitz i. V.
Köthensdorf	Ober-Lungwitz	Lahr	Essemühle	Lauterbach	Stockhausen
Köthenwald	Hannover	Laim	Isarwerke	Lauterbach	Trieb
Köttendorf	Oberweimar	Laiz	Sigmaringen	Lauterhofen	Reichenbach i. V.
Kottenheim	Mayen	Lambzig	Mylau	Lechbruck	Illachmühle
Kottern	Weidach	Lampertheim	Straßburg	Lechhausen	Augsburg
Kotzenbach	Weiden	Landeck	Lottin	Legau	Lautrach
Kötzlin	Breddin	Landecker M.	Lottin	Legelshurst	Straßburg
Kötzschenbroda	Niederlößnitz	Landeshut	Waldenburg i. Schl.	Lehmen	Gondorf

Versorgter Ort	Elektrizitätswerk	Versorgter Ort	Elektrizitätswerk	Versorgter Ort	Elektrizitätswerk
Lehmsahl - Mellingstedt	Poppenbüttel	Lindenau	Obererzgebirg.	Lüttenglehn	Neuß
Lehmwasser	Waldenburg i. Schl.	Linden (Ruhr)	Bochum („Westfalen")	Lutterbach	Mülhausen
Lehnitz	Oranienburg	Linderte	Hannover	Lüttgenrode	Derenburg
Leichlingen	Ohligs	Lingolsheim	Straßburg	Lüttnitz	Möckern
Leider	Aschaffenburg	Linse	Straßburg	Lüttringhausen	Lennep
Leimnitz	Schwerin a. W.	Lintorf	Essen	Lützelsachsen	Ladenburg
Leipheim	Kleinkötz	Lippine	Oberschl. E.-W.	Lützenkirchen	Ohligs
Leipheim	Landshut (Bay.)	Lipsheim	Straßburg	Lüxheim	Düren
Leithe	Bochum („Westfalen")	Litschental	Seelbach		
Leithe	Essen (Rh.-Westf. E.-W.)	Löbau	Neusalza	**M**	
Leitzkau	Möckern	Lobbendorf	Blumenthal	Machtsum	Hannover
Lelm	Helmstedt	Lobeda	Jena	Mackendorf	Weferlingen
Lemmie	Hannover	Lobran	Prettin	Magstadt	Unterjesingen
Lendersdorf	Düren	Löbstedt	Jena	Mahlberg	Oberhausen i. Br.
Lengenfeld	Reichenbach i. V.	Lochem	Rinteln	Mahlerten	Nordstemmen
Lenkersdorf	Obererzgebirg.	Lochham	Isarwerke	Mahndorf	Derenburg
Lenkersheim	Ipsheim	Lochhausen	Isarwerke	Mähringen	Unterjesingen
Lenthe	Hannover	Lochmatt	Herrischried	Maichingen	Unterjesingen
Lenzfried	Kempten	Lochtum	Abbenrode	Maikammer	Edenkoben
Leonberg	Haidhof	Lockstedt	Weferlingen	Makoschau	Oberschles. E.-W.
Leoni	Weidach	Löderburg	Staßfurt	Mallstadt	Heinitz
Leopoldshain	Görlitz	Logau	Marklissa		(Berginspektion)
Leopoldshall	Staßfurt	Logelbach	Türkheim	Malmerspach	Mülhausen i. Els.
Lerbeck	Hausberge	Löhme	Werneuchen	Malmsbach	Hammer
Lessen	Langenberg-Gera	Lohmen	Copitz	Malmsheim	Unterjesingen
Leuben	Niedersedlitz	Lohnde	Hannover	Malterdingen	Oberhausen i. Br.
Leubnitz	Dresden	Lohs	Kunzendorf	Mambach	Zell i. Wiesenthal
Leubnitz	Werdau	Lomnitz	Deutsch Ossig	Manfort	Schlebusch
Leubsdorf	Oberlungwitz	Lomnitz-Schildau	Marklissa	Mannhausen	Weferlingen
Leukersdorf	Oberlungwitz	Loosen	Lottin	Mannweiler	Alsenz
Leutersbach	Obererzgebirg.	Löpsingen	Aumühle b. Nördlingen	Marbach	Oberlungwitz
Leutewitz	Cossebaude			Marbach	Stuttgart
Leutkirch	Wangen	Löreling	Neuß	Maria-Eich	Isarwerke
Leutwitz	Bautzen	Lörrach	Rheinfelden	Mariaweiler	Düren
Leveste	Hannover	Losa	Reichenbach i. V.	Marienborn	Siegen
Levin	Zarnekow	Loschwitz	Dresden	Mariendorf	Steglitz
Lichtenau	Marklissa	Lösenbach	Hagen („Mark")	Marienfelde	Steglitz
Lichtenberg	Berlin	Lößnitz	Ölsnitz i. Erzgeb.	Marienfließ	Massow
Lichtenberg	Hohenschönhaus.	Lößnitzgrund	Niederlößnitz	Marienhof	Lottin
Lichtenberg	Prettin	Lottengrün	Plauen i. V.	Marienhof	Neumark i. Westpr.
Lichtenberg	Pulsnitz	Lotterbach	Mülhausen i. Els.	Marienstein	Nörten
Lichtenhagen	Thalermühle	Lottstetten	Schaffhausen	Mariental	Werdau
Lichtenstein	Ölsnitz i. Erzgeb.	Lövenich	Frechen	Marienthal	Straßburg
Lichtentanne	Werdau	Löwensen	Thalmühle	Marienwerder	Eberswalde
Lichterfelde	Eberswalde	Luckenau Bahnhof	Teuchern	Markersbach	Oberzgebirg.
Liebau	Reichenbach i. V.	Lüdenscheid	Hagen („Mark")	Markersdorf	Deutsch-Ossig
Liebenau	Stocksmühle	Lüdersen	Hannover	Markersdorf	Görlitz
Liebenthal	Marklissa	Ludwigsburg	Neckarwerke	Markersdorf	Oberlungwitz
Liebstedt	Oberweimar	Ludwigsdorf	Görlitz	Markgröningen	Münchingen
Liederstedt	Grabenmühle	Ludwigsdorf	Langenbielau	Markhausen	Klingenthal
Liepe	Eberswalde	Ludwigshöhe	Hammer	Markirch	Schlettstadt
Lilbitz	Langenberg-Gera	Lugau	Ölsnitz i. Erzg.	Marktgraitz	Redwitz
Lilienhof	Oberhausen i. Br.	Lügde	Thalermühle	Marktschwaben	Riem
Limbach	Mansfeld	Lühe	Möckern	Marktzeuln	Hochstadt a. M.
Limbach	Oberlungwitz	Lühnde	Hannover	Marienheim	Straßburg
Limbach	Reichenbach i. V.	Lunterft	Thalermühle	Martinsried	Isarwerke
Limmer	Linden vor Hann.	Lüptitz	Wurzen	Martinsrieth	Bretleben
		Lustnau	Tübingen	Masbeck	Havixbeck

Versorgter Ort	Elektrizitätswerk	Versorgter Ort	Elektrizitätswerk	Versorgter Ort	Elektrizitätswerk
Masmünster . . .	Mülhausen	Mittel-Neuland . .	Neiße	Mühlheim	Horb
Mattenham . . .	Grafenmühle	Mitteloderwitz . .	Oberoderwitz	Mühlsdorf	Copitz
Mattstedt	Oberweimar	Mittelrode	Hannover	Mülheim-Ruhr . .	Essen (Rh.-Westf. E.-W.)
Matzdorf-Riemendorf	Marklissa	Mittelweier . . .	Türkheim	Mülheim	Lieser
Mauer	Bammenthal	Mitterndorf . . .	Dachau	Mülhofen	Coblenz
Maugolding . . .	Haidhof	Mittweida	Obererzgebirg.	Möllheim	Mülhausen i. Els.
Maulburg	Rheinfelden	Mitwitz	Steinach	Müllingen	Hannover
Mawicke	Werl	Mobschatz . . .	Cossebaude	Mülsen - St. Jacob .	Niederschind-
Mebestetter Hof .	Heuchlingen	Möckerling . . .	Mücheln		maas
Meckenbeuren . .	Tettnang	Modenheim . . .	Mülhausen i. Els.	Mülsen - St. Micheln	Niederschind-
Meckesheim . . .	Bammenthal	Möding	Landau a. d. Isar		maas
Meckinghoven . .	Bochum („Westfalen")	Modlau	Glogau	Mülsen - St. Niclas .	Niederschind-
Meddersheim . . .	Sobernheim	Moggart	Ebermannstadt		maas
Mehle	Elze	Mogger	Mupperg	Münchenbernsdorf .	Langenberg
Meiderich	Essen (Rh.-Westf. E.-W.)	Mohlsdorf	Reichenbach i. V.	Müncherposserstedt	Camburg
Meiendorf	Alt-Rahlstedt	Mohrenhausen . .	Breitenthal	Münchingen . . .	Bissingen
Meienheim . . .	Gebweiler	Möhringen . . .	Neckarwerke	Münchroda . . .	Freyburg
Meinersdorf . . .	Oelsnitz	Mohsdorf	Oberlungwitz	Mundolsheim . . .	Straßburg
Meinkoth	Weferlingen	Mölke	Langenbielau	Münsing	Weidach
Meinsdorf	Oberlungwitz	Möllensen	Gronau	Münster	Soden
Melborn	Wenigenlupnitz	Möllmicke	Wenden	Münsterhausen . .	Burtenbach
Mellingen	Oberweimar	Mollschütz . . .	Camburg	Musbach	Neustadt
Menglinghausen . .	Kruckel	Molmeck	Mansfeld	Muschten	Schwerin a. W.
Meratzhofen . . .	Wangen	Molsheim	Straßburg	Muskau	Lausitzer E.-We.
Mergelstetten . .	Heidenheim	Mombach	Mainz	Müttersholz . . .	Enweyer
Merken	Düren	Mommelshain . .	Soden	Mutzig	Straßburg
Merklingsen . . .	Werl	Mönchberg . . .	Unterjesingen	Myslowitz	Oberschles. E.-W.
Merl	Zell a. Mosel	Monheim	Ohligs		
Merseburg Bahnhof	Dürrenberg	Monsheim	Kriegsheim	**N**	
Merzenich	Düren	Montigny	Metz		
Meseberg	Hillersleben	Moosach	Isarwerke	Naabdemenreuth .	Weiden
Meßmerode . . .	Zeche Sigmunds-	Moosburg	Weiden	Nabern	Neckarwerke
	hall	Moosch	Mülhausen i. Els.	Naschhausen . . .	Dorndorf
Metternich . . .	Coblenz	Moosdorf	Waldmünchen	Naschhausen . . .	Jena
Mettingen	Neckarwerke	Mörgen	Pfaffenhausen	Naß Glienke . . .	Lottin
Mettmann	Essen (Rh.-Westf. E.-W.)	Morgenroth . . .	Oberschles. E.-W.	Nassau	Schäftersheim
Metzingen	Neckarwerke	Moritzberg . . .	Hildesheim	Naßwitz	Glogau
Metzkausen . . .	Essen	Moritzburg . . .	Niederlößnitz	Nattheim	Bachhagel
Michalkowitz . .	Oberschl. E.-W.	Morl	Lettin	Naumburg	Eichdorf
Mieste	Weferlingen	Morroschin . . .	Stocksmühle	Naumburg	Marklissa
Miesterhorst . . .	Weferlingen	Mörs	Essen	Naundorf	Mückenberg
Milbertshofen . .	Isarwerke	Mörse	Weferlingen	Naundorf	Niederlößnitz
Milbitz	Langenberg-Gera	Morsleben	Weferlingen	Naundorf	Prettin
Milspe	Schwelm	Möschenfeld . . .	Riem	Naundorf	Schmiedeberg
Minseln	Rheinfelden	Mosel	Niederschind-	Naundorf	Werdau
Minsleben	Derenburg		maas	Naurod	Niedernhausen
Mintraching . . .	Haidhof	Mötzingen	Unterjesingen	Nausitz	Bretleben
Misburg	Hannover	Müddersheim . . .	Düren	Naußlitz	Coschütz
Missow	Beßwitz	Mudschiddel . . .	Beßwitz	Naußnitz	Bürgel i. Th.
Mittelbach . . .	Oberlungwitz	Müglenz	Wurzen	Nebra	Camburg
Mittelbug . . .	Hammer	Mühlau	Oberlungwitz	Nebra	Grabenmühle
Mitteldorf . . .	Weiden	Mühlbach	Oberaudorf	Nebringen	Unterjesingen
Mittelern	Wartenberg	Mühlbach	Münster i. Els.	Neckarau Bahnh. .	Mannheim Staatsbahn
Mittelhausbergen .	Straßburg	Mühlberg	Wandersleben	Neckarhausen . .	Ladenburg
Mittelheim . . .	Eltville	Mühldorf	Labitsch	Neckarhausen . .	Neckarwerke
Mittelherwigsdorf .	Oberoderwitz	Mühlendorf . . .	Prütznow-Labes	Nedaschütz . . .	Bautzen
Mittelhufen . . .	Königsberg-	Mühlgrün	Auerbach	Neesbach	Dauborn
	Mittelhufen	Mühlhausen . . .	Neckarwerke	Neesen	Hausberge

Versorgter Ort	Elektrizitätswerk	Versorgter Ort	Elektrizitätswerk	Versorgter Ort	Elektrizitätswerk
Negenharrie . . .	Neumünster	Neumühl	Straßburg	Niedermassen . .	Dortmund
Nehresheim . . .	Bachhagel	Neumühle	Wangen	Niedermeisa . . .	Meißen
Neidenstein . . .	Bammenthal	Neundorf	Steinach	Niedermodern . .	Pfaffenhofen i. Els.
Neindorf	Weferlingen	Neunen.	Fröndenberg	Niedermorschweier	Türkheim
Neinstedt	Thale	Neunheiligen . . .	Mühlhausen i. Th.	Niedermorschweiler	Brunnstadt
Nellingen	Neckarwerke	Neunkirchen . . .	Saarbrücken	Niederneuching . .	Pretzen
Nendorf	Rheinfelden	Neunkirchen . . .	Siegen	Niederneukirch . .	Neusalza
Nesselwang . . .	Reutte i. Tirol	Neunkirchen . . .	Weiden	Niederneuschönberg	Olbernhau
Nettelrede . . .	Münder	Neu-Offingen, Bhf. .	Kleinkötz	Niederoderwitz . .	Oberoderwitz
Nettesheim . . .	Neuß	Neu-Politz . . .	Langenberg-	Niederpesterwitz .	Deuben
Netzschkau . . .	Mylau		Gera	Niederpöbel . . .	Schmiedeberg
Neu-Barnim . . .	Neu-Trebbin	Neu-Rahlstedt . .	Alt-Rahlstedt	Niederpöcking . .	Starnberg
Neubiberg	Riem	Neuried	Isarwerke	Niederpopritz . .	Dresden
Neubrunn	Grimenthal	Neusalzbrunn . .	Waldenburg i. Schl.	Niederreisbach . .	Reisbach
Neucolziglow . . .	Beßwitz	Neuses	Ebensfeld	Niederröblingen . .	Bretleben
Neu-Cronenberg . .	Ohligs	Neu-Solln	Isarwerke	Niederroßla . . .	Oberweimar
Neudieringhausen .	Dieringhausen	Neustadt	Hachmühlen	Nieder-Salzbrunn .	Waldenburg
Neudorf	Coblenz	Neustadt	Siegmar	Niederschelderhütte	Niederschelden
Neudorf	Eltville	Neustadt	Trieb	Niederschlema . .	Obererzgebirg.
Neudorf	Oberschl. E.-W.	Neustadt	Weiden	Niederschöneweide	Berlin
Neudörfchen . . .	Meißen	Neutolkyhuby . .	Hoffnungsthal	Niederschönhausen .	Berlin
Neudörfchen . . .	Mittweida i. Sa.	Neuwegersleben .	Crottorf	Niederslohe . . .	Eslohe
Neudörfel . . .	Niederplanitz	Neuweg	Rheinfelden	Niederstotzingen .	Heuchlingen
Neudörfel	Niederschind-	Neuwelt	Obererzgebirg.	Niedersteina . . .	Pulsnitz
	maas	Neuzamdorf . . .	Riem	Niederstöcken . .	Mandelsloh
Neudörfel . . .	Obererzgebirg.	Nideggen	Düren	Niedertraubling . .	Haidhof
Neudörfel	Reichenbach i. V.	Nieder-Affalter . .	Obererzgebirg.	Niederviehbach . .	Wörth a. Isar
Neuenhagen . . .	Eberswalde	Niederaichbach . .	Wörth a. Isar	Niederwalluf . . .	Eltville
Neuenhofe . . .	Hillersleben	Niederaspach . .	Mülhausen	Niederwaltersdorf .	Waldenburg i. Schl.
Neuenrade . . .	Werdohl	Niederau	Düren	Niederweiler i. B. .	Mülhausen i. Els.
Neuershausen . .	Oberhausen i. Br.	Niederau	Ebensfeld	Niederwihl	Herrischried
Neufahrn	Isarwerke	Niederaudorf . .	Oberaudorf	Niederwörresbach .	Herrstein
Neufreistett . . .	Straßburg	Niederbecker . .	Dortmund	Niederwörth . . .	Pretzen
Neufriedenheim . .	Isarwerke	Niederberg . . .	Coblenz	Nieder-Würschnitz .	Ölsnitz i. Erzg.
Neu-Geltow . . .	Potsdam	Niederbonsfeld . .	Neviges	Niederwüste-	
Neugersdorf . . .	Neusalza	Niedercrinitz . . .	Reichenbach i. V.	giersdorf . . .	Waldenburg i. Schl.
Neugrafenwalde .	Neusalza	Niedercunnersdorf .	Obercunnersdorf	Niederzier	Düren
Neuhain	Waldenburg i. Schl.	Niederdank . . .	Neuß	Niedlofheim . . .	Soden
Neuhaus	Hammerschrott	Niederding . . .	Oberding	Niefern	Eutingen
Neuhaus	Neustadt	Niederdodeleben .	Börde	Niekrisch	Deutsch-Ossig
Neuhaus	Weferlingen	Niederdorf . . .	Oelsnitz	Niendorf	Weferlingen
Neuhaus	Weiden	Niederfell	Gondorf	Nienhagen . . .	Crottorf
Neuhausen . . .	Neckarwerke	Niederfinow . . .	Eberswalde	Nienstedt	Gronau
Neuheiduk . . .	Oberschl. E.-W.	Nieder-Friedersdorf	Neusalza	Nietleben	Halle a. S.
Neuherberge . . .	Isarwerke	Niedergebisbach .	Herrischried	Nievenheim . . .	Neuß
Neuhückeswagen .	Krähwinkler-	Niederhäslich . .	Deuben	Nikolassee . . .	Zehlendorf (Gemeinde)
	brücke	Niederhaßlau . .	Bockwa	Nimburg	Oberhausen i. Br.
Neukirch	Stocksmühle	Niederhausbergen .	Straßburg	Nischwitz	Wurzen
Neukirchen . . .	Neuß	Niederhausen . .	Reisbach	Nollingen	Rheinfelden
Neukirchen . . .	Oberlungwitz	Niederhausen . .	Oberhausen i. Br.	Nordendorf . . .	Ehingen
Neukirchen . . .	Stockhausen	Niederhermsdorf .	Deuben	Nordsteimke . . .	Weferlingen
Neukirchen . . .	Ohligs	Niederhermsdorf .	Waldenburg i. Schl.	Norf	Neuß
Neukirchen . . .	Werdau	Niederjosbach . .	Niedernhausen	Northen	Hannover
Neukrausendorf .	Waldenburg i. Schl.	Niederlahnstein .	Coblenz	Nörvenich	Düren
Neulässig	Waldenburg i. Schl.	Niederlauterbach .	Pfaffenhofen a. J.	Noßwitz	Glogau
Neu-Levier . . .	Neu-Trebbin	Niederlern . . .	Wartenberg	Nottersdorf . . .	Weiden
Neulustheim . . .	Isarwerke	Niederlichtenau . .	Frankenberg	Notzingen	Neckarwerke
Neumorschen . .	Altmorschen	Niederlungwitz . .	Glauchau	Nowawes	Potsdam

Versorgter Ort	Elektrizitätswerk	Versorgter Ort	Elektrizitätswerk	Versorgter Ort	Elektrizitätswerk
Nufringen	Unterjesingen	Oberliederbach	Soden	Oberwörth	Pretzen
Nußhof	Rheinfelden	Ober-Löschen	Alt-Oels	Oberwüstegiersdorf	Waldenburg i. Schl.
Nuttlar	Bestwig	Oberlösenbach	Hagen („Mark")	Oberzier	Düren
O		Oberlößnitz	Niederlößnitz	Öchlitz	Mücheln
		Obermaßfeld	Grimmenthal	Ochsendorf	Weferlingen
Oberachern	Achern	Obermedlingen	Bachingen	Odachsen	Hollenstedt
Oberachdorf	Wörth a. D.	Obermeisa	Meißen	Odelshofen	Straßburg
Oberaffalter	Obererzgebirg.	Obermenzing	Isarwerke	Odenkirchen	Rheydt
Oberaspach	Mülhausen	Obermoschel	Alsenz	Ödenstockach	Riem
Oberbechingen	Bachhagel	Obermünchsdorf	Reisbach	Odratzheim	Straßburg
Oberbecker	Dortmund	Obermylau	Reichenbach i. V.	Offenhausen	Kleinkötz
Oberbeihing	Neckarwerke	Obernaundorf	Deuben	Offleben	Helmstedt
Oberboihingen	Neckarwerke	Oberndorf	Alsenz	Öflingen	Rheinfelden
Oberbolheim	Düren	Oberndorf	Ipsheim	Ofterdingen	Unterjesingen
Oberbrunn	Ebensfeld	Oberndorf	Langenberg-Gera	Oggenhausen	Bachhagel
Oberbürg	Hammer	Oberndorf	Laufen	Oggerschütz	Schwerin a. W.
Obercrinitz	Reichenbach i. V.	Oberndorf	Oberroßla	Ohle	Werdohl
Obercunewalde	Neusalza	Oberndorf	Weiden	Ohlendorf	Hannover
Oberdischingen	Ersingen	Oberneukirch	Neusalza	Ohlsbach	Achern
Oberdollendorf	Brühl	Ober-Neundorf	Görlitz	Ohmenhausen	Unterjesingen
Oberdorf, Bad	Sonthofen	Oberoderwitz	Neusalza	Öhna	Bautzen
Oberdorla	Mülhausen i. Th.	Oberpesterwitz	Coschütz	Ohnheim	Straßburg
Oberehnheim	Straßburg	Oberpfaffenhofen	Gauting	Ohorn	Großröhrsdorf
Obereichstädt	Mücheln	Oberplanitz	Bockwa	Ohra	Straschin-Prangschin
Obereichingen	Kleinkötz	Oberrahmede	Hagen („Mark")		
Obereßlingen	Neckarwerke	Oberrehnheim	Straßburg	Ohrensbach	Oberglotterthal
Obereusingen	Neckarwerke	Oberreichenau	Pausa	Ohrum	Derenburg
Oberfinningen	Bachhagel	Oberreichenbach	Reichenbach i. V.	Öjendorf	Schiffbek
Oberföhring	Riem	Oberrossau	Niederrossau	Oldenfelde	Alt-Rahlstedt
Oberförstchen	Bautzen	Oberrothweil	Oberhausen	Oliva	Straschin-Prangschin
Oberförsterei	Lottin	Obersachsenberg	Brunndöbra		
Obergebisbach	Herrischried	Obersachsenfeld	Obererzgebirg.	Ölkinghausen	Lennep
Obergorbitz	Coschütz	Obersalzbrunn	Waldenburg i. Schl.	Ollen	Berne
Obergriesingen	Rißtissen	Obersasbach	Achern	Olnhausen	Jagsthausen
Obergrüne	Hagen	Oberschäffolsheim	Straßburg	Olstorf	Salzhausen
Oberhaching	Riem	Oberscheibe	Obererzgebirg.	Olxheim	Greene
Oberhasslau	Obererzgebirg.	Oberschlema	Obererzgebirg.	Omsewitz	Cossebaude
Oberhausbergen	Straßburg	Oberschöneweide	Berlin	Opfenbach	Lindenberg i. Allgäu
Oberhausen	Augsburg	Oberselfersdorf	Zittau	Opladen	Ohligs
Oberhausen	Reisbach	Obersendling	Isarwerke	Oppach	Neusalza
Oberhausen	Unterhausen	Obersteina	Pulsnitz	Opperau	Gräbschen
Oberheinsdorf	Reichenbach i. V.	Oberstützengrün	Obererzgebirg.	Oppersdorf	Haidhof
Oberheldrungen	Bretleben	Obersulmetingen	Laupheim	Oppershausen	Mühlhausen i. Th.
Oberhermsdorf	Deuben	Obertalheim	Untertalheim	Örie	Hannover
Oberhermsdorf	Waldenburg i. Schl.	Ober-Thalheim	Mittweida	Orschweier	Gebweiler
Oberherwigsdorf	Oberoderwitz	Obertiefenbach	Hettstein	Orschweier	Oberhausen i. Br.
Oberhohndorf	Bockwa	Obertraubling	Haidhof	Ortelfingen	Ehingen
Oberhone	Niederhone	Obertürkheim	Neckarwerke	Örtelshain	Glauchau
Ober-Isling	Haidhof	Oberullersdorf	Kunzendorf	Ortmannsdorf	Niederschindmaas
Oberjesingen	Unterjesingen	Obervogelsang	Hagen („Mark")		
Oberjettingen	Unterjesingen	Oberwaldbach	Jettingen	Örtmannsdorf	Marklissa
Oberkaina	Bautzen	Oberwälden	Neckarwerke	Orxhausen	Greene
Oberkessach	Jagsthausen	Oberwaldenburg	Waldenburg i. Schl.	Öschelbronn	Unterjesingen
Oberköllnbach	Wörth a. J.	Oberwalluf	Eltville	Oscht	Schwerin a. W.
Ober-Kunnersdorf	Seifersdorf	Oberwartha	Cossebaude	Oschwitz	Arzberg
Oberlauter	Unterlauter	Oberweiler	Mülhausen i. Els.	Üsselse	Hannover
Oberlauterbach	Trieb	Ober-Weischlitz	Pirk	Oßmannstedt	Oberweimar
Oberleiterbach	Ebensfeld	Oberwihl	Herrischried	Ostbüderich	Werl

Versorgter Ort	Elektrizitäts-werk	Versorgter Ort	Elektrizitäts-werk	Versorgter Ort	Elektrizitäts-werk
Ostendorf	Rinteln	Pfaffendorf . . .	Neumarkt	Poremba	Oberschl. E -W.
Osterfeld	Essen-Ruhr	Pfaffengrün . . .	Reichenbach i. V.	Porsdorf	Deuben
Osterode	Derenburg	Pfaffenhain . . .	Oberlungwitz	Porsdorf	Langenberg-Gera
Osthasingen . . .	Ringelheim	Pfaffenhofen . .	Kleinkötz	Porta	Hausberge
Ostönnen	Werl	Pfaffenhofen . .	Neuherberg	Posottendorf. . .	Deutsch-Ossig
Ostönnerlinde . .	Werl	Pfäffingen . . .	Unterjesingen	Possenhofen . . .	Starnberg
Ostrau	Schandau	Pfakofen	Hausmühle	Posta	Copitz
Östrich	Eltville	Pfalzel	Ehrang	Postau	Wörth a. J.
Ostuffeln	Werl	Pfastatt	Mülhausen i. Els.	Potschappel . . .	Deuben
Ostwig	Bestwig	Pfatter	Wörth a. D.	Pottholtensen . .	Hannover
Othlinghausen . .	Hagen („Mark“)	Pfauhausen . . .	Neckarwerke	Potzham	Riem
Othmarschen . .	Groß-Flottbek	Pferdsfeld . . .	Ebensfeld	Prächting	Ebensfeld
Ottendiehl . .	Riem	Pfersee	Augsburg	Praust	Straschin-
Ottendorf	Marklissa	Pfiffelbach . . .	Oberweimar		Prangschin
Ottenstein . . .	Thalmühle	Pfitzingen . . .	Hohebach	Preiswitz	Oberschl. E -W.
Otterbach	Unterscheffach	Pfrondorf	Nagold	Premenreuth . . .	Weiden
Ottersweier . . .	Achern	Pfronten-Berg .	Reutte i. Tirol	Prenden	Eberswalde
Ottleben	Crottorf	Pfronten-Kappel	Reutte i. Tirol	Pretschendorf . .	Colmnitz
Ottrott	Straßburg	Pfronten-Steinach .	Reutte i. Tirol	Pretzfeld	Ebermannstadt
Otzenrath	Rheydt	Pfronten-Weißbach	Reutte i. Tirol	Preuschwitz . . .	Bautzen
Öventroß	Freienohl	Pfuhl	Kleinkötz	Pr. Börnecke . .	Derenburg
Overby	Laurup	Pfullingen	Neckarwerke	Prinzenthal . . .	Bromberg
Oxenbronn . . .	Kleinkötz	Pier	Düren	Prinz-Ludwigshöhe .	Isarwerke
Oybin	Olbersdorf	Pieske	Schwerin a. W.	Prischwitz . . .	Bautzen
		Pillnitz	Dresden	Prittisch	Schwerin a. W.
P		Pirkensee	Haidhof	Pritzig	Beßwitz
		Pissenheim . . .	Düren	Proschwitz . . .	Meißen
Paffendorf . . .	Deutsch-Ossig	Planegg	Isarwerke	Prosdorf	Waldmünchen
Pallien	Trier	Plärn	Weiden	Prüfening, Schloß .	Regensburg
Pankow	Berlin	Plaue	Flöha	Prüll - Karthaus . .	Regensburg
Papenrode . . .	Weferlingen	Pleißa	Oberlungwitz	Prunn	Riedenburg
Papierfob	Labitsch	Plettenberg . . .	Werdohl	Puchheim	Isarwerke
Paradiese	Werl	Pliening	Riem	Puchlitz	Schleifenhan
Paradies-Jordan .	Schwerin a. W.	Plieningen	Neckarwerke	Puestow	Beßwitz
Parsberg	Miesbach	Plochingen . . .	Neckarwerke	Pullach	Isarwerke
Parsdorf	Riem	Plösberg	Selb	Püttlingen	Saarbrücken
Pasing	Isarwerke	Plossig	Prettin	Putzbrunn . . .	Riem
Pattensen	Hannover	Plötzensee . . .	Berlin		
Paulsborn	Zehlendorf (Gemeinde)	Plötzig	Beßwitz	**Q**	
Pechtelsgrün . . .	Reichenbach i. V.	Plüderhaus . . .	Neckarwerke		
Peddensiepen . .	Hagen („Mark“)	Poberow	Beßwitz	Quackenburg . . .	Beßwitz
Peilau	Langenbielau	Poditau	Labitsch	Querenhorst . . .	Weferlingen
Peiting	Illachmühle	Pöhl	Reichenbach i. V.	Questenberg . . .	Meißen
Pelplin	Stocksmühle	Pöhla	Obererzgebirg.	Quolsdorf	Lausitzer E.-W.
Penzig	Görlitz	Politz	Langenberg-Gera		
Percha	Feldkirchen	Polleben	Mansfeld	**R**	
Percha	Weidach	Pollnow	Beßwitz		
Perchting	Starnberg	Polsnitz	Waldenburg i. Schl.	Raasdorf	Reichenbach i. V.
Perlach	Isarwerke	Poltringen . . .	Unterjesingen	Rabenau	Deuben
Persebeck . . .	Kruckel	Pommey	Stocksmühle	Rabenstein . . .	Oberlungwitz
Peseckendorf . .	Crottorf	Ponholz	Haidhof	Rabishau	Marklissa
Petersdorf . . .	Marklissa	Ponitz	Meerane	Radebeul	Niederlößnitz
Petersroda . . .	Bitterfeld	Pontling	Haidhof	Radevormwald . .	Krähwinkler-
Peterswaldau . .	Langenbielau	Pontlof	Haidhof		brücke
Peterswalde . . .	Lottin	Poppe	Schwerin a. W.	Radevormwald	Lennep
Petzkofen	Schlappmühle	Poppenburg . . .	Nordstemmen	Radewell	Ammendorf
Peuerbach	Wörth a. J.	Poppengrün . . .	Trieb	Radmeritz	Deutsch-Ossig
Pfaffendorf . . .	Coblenz	Poppenweiler. . .	Stuttgart	Radzionkau . . .	Oberschl. E.-W.
Pfaffendorf . . .	Deutsch-Ossig			Raguhn	Bitterfeld

Versorgter Ort	Elektrizitätswerk	Versorgter Ort	Elektrizitätswerk	Versorgter Ort	Elektrizitätswerk
Rahlmühle	Münder	Renchen	Achern	Ritteburg	Bretleben
Ramsbach	Cröffelbach	Renfritzhausen	Horb	Rittersgrün	Obererzgebirg.
Randau	Stocksmühle	Rennau	Weferlingen	Ritterstraße	Püttlingen
Randeck	Mulda	Renningen	Unterjesingen	Rittierode	Greene
Randegg	Schaffhausen	Rentin	Lindau	Rixdorf	Berlin
Ransbach	Baumbach	Resse	Recklinghausen	Rixheim	Mülhausen i. Els.
Rappellen	Neuß	Rethen	Gronau	Rochus	Neiße
Rarbach	Hall i. Wrttbg.	Rethmar	Hannover	Rockau	Dresden
Raschau	Obererzgebirg.	Reudnitz	Reichenbach i. V.	Rodameuschel	Camburg
Rastatt, Bahnhof	Oos (Staatsbahn)	Reugersdorf	Marklissa	Rodenkirchen	Cöln
Rastenhof	Weiden	Reusrath	Ohligs	Rodigast	Bürgel i. Th.
Rathshof	Königsberg-Mittelhufen	Reußendorf	Waldenburg i. Schl.	Rodlera	Reichenbach i. V.
Ratingen	Essen-Ruhr	Reusten	Unterjesingen	Rödlitz	Oelsnitz
Rattwitz	Bautzen	Reute	Waldsee	Rogging	Hausmühle
Ratzenhofen	Wangen	Reuth	Reichenbach i. V.	Rohracker	Neckarwerke
Ratzenried	Wangen	Reuth	Weiden	Rohrau	Unterjesingen
Rätzlingen	Weferlingen	Reutlingen	Neckarwerke	Rohrbach	Saarbrücken
Rauenthal	Eltville	Reutzschmühle	Reichenbach	Rohrdorf	Nagold
Rauns	Waltenhofen	Rheden	Gronau	Röhrsdorf	Oberlungwitz
Rausbach	Mülhausen	Rheinau Bahnhof	Mannheim Staatsbahn	Rohrsen	Münder
Rauswitz	Glogau	Rheinberg	Essen-Ruhr	Rohrsheim	Derenburg
Rautenberg	Hannover	Rheinbischofsheim	Straßburg	Roisdorfer-Hof	Neuß
Ravensbrück	Fürstenberg	Rheindorf	Ohligs	Roitzsch	Bitterfeld
Rebesgrün	Auerbach	Rhode	Weferlingen	Roitzsch	Wurzen
Rebesgrün	Schreiersgrün	Rhoden	Derenburg	Rokkitten	Schwerin a. W.
Rechberghausen	Neckarwerke	Rhodt	Edenkoben	Rolandseck	Oberwinter
Reddeber	Derenburg	Ribbensdorf	Weferlingen	Rolandswerth	Oberwinter
Redderse	Hannover	Richrath	Ohligs	Roloven	Hannover
Reden	Hannover	Richterich	Kohlscheid	Romansweiler	Straßburg
Rees	Essen	Rickenbach	Herrischried	Romberg	Stocksmühle
Regenstauf	Haidhof	Rickenbach	U.-Z. Bregenz, Vorarlberg	Rommelsheim	Düren
Regisheim	Gebweiler			Rommenthal	Neckarwerke
Reibnitz	E-W. „Schlesien"	Rickensdorf	Weferlingen	Rommerode	Großalmerode
Reichenbach	Langenberg-Gera	Ricklingen	Hannover	Rommerskirchen	Neuß
Reichenbach	Langenbielau	Riebingen	Rottenburg	Ronnenburg	Hannover
Reichenbach	Neckarwerke	Rieden	Aichstetten	Röpsen	Ronneburg
Reichenbach	Seelbach	Riedenberg	Neckarwerke	Rosdorf	Göttingen
Reichenbrand	Oberlungwitz	Riederich	Neckarwerke	Rosdzin	Oberschl. E.-W.
Reichenhain	Chemnitz	Riedheim	Kleinkötz	Rosenberg	Jagsthausen
Reichenweier	Türkheim	Rieding	Saarburg	Rosenhain	Neusalza
Reichshofen	Niederbronn	Riedisheim	Mülhausen i. Els.	Rosenthal	Bockwa
Reichstett	Straßburg	Riedmatt	Rheinfelden	Rosenthal	Stocksmühle
Reichweiler	Mülhausen	Riegel	Oberhausen i. Br.	Rosheim	Straßburg
Reilsheim	Bammenthal	Rielasingen	Schaffhausen	Rositz	Rositzer Braunkohlenwerke
Reinfeld	Beßwitz	Riemendorf	Marklissa		
Reinhausen	Haidhof	Riemke	Bochum („Westfalen")	Rossach	Schleifenhan
Reinholdshain	Glauchau	Riendorf	Weferlingen	Roßberg	Oberschl. E.-W.
Reinickendorf	Berlin	Riesenfeld	Isarwerke	Rössing	Hannover
Reiningen	Mülhausen i. Els.	Rietberg	Neuenkirchen	Roßwälden	Neckarwerke
Reinsberg	Unterscheffach	Riethnordhausen	Bretleben	Rot	Hohebach
Reinsdorf	Bretleben	Riexing	Pretzen	Rote Hahn	Beßwitz
Reinsdorf	Reichenbach i. V.	Rimbach i. Od.	Mörlenbach	Rotenberg	Neckarwerke
Reisach	Oberaudorf	Rimbeck	Derenburg	Rotfelden	Nagold
Reisen	Erding	Ringenheim	Neusalza	Rothau	Schirmeck
Reisholz	Ohligs	Ringleben	Bretleben	Rothenbach	Glauchau
Reislingen	Weferlingen	Ringsheim	Oberhausen i. Br.	Rothenbach	Waldenburg i. Schl.
Rellinghausen	Essen (Rh.-Westf. E.-W.)	Rippolingen	Rheinfelden	Röthenbach	Colmnitz
Remse	Glauchau	Ritschenhausen	Grimmenthal	Röthenbach	Gerasmühle

Versorgter Ort	Elektrizitätswerk	Versorgter Ort	Elektrizitätswerk	Versorgter Ort	Elektrizitätswerk
Röthenbach . . .	Hammer	Sagerke	Beßwitz	Scheppach . . .	Jettingen
Röthenbach . . .	Rodewisch	Saig	Lenzkirch	Scherfede . . .	Rimbeck
Röthenbach . . .	Weiden	Salach	Süssen	Scherweiler . . .	Kappellenmühle
Rothenfelde . . .	Palsterkamp	Salchendorf . . .	Siegen	Scheßlitz	Ebensfeld
Rothenfels . .	Marktheidenfeld	Salgen	Pfaffenhausen	Scheuben	Langenberg-Gera
Rothenstadt . . .	Weiden	Salingen . . .	Kruckel	Scheuer	Haidhof
Rothenthal . . .	Reichenbach i. V.	Sallern	Haidhof	Schiedel	Werdau
Rothenzechau . .	Marklissa	Salmdorf	Riem	Schiefweg . . .	Waldkirchen
Rothnauslitz . . .	Bautzen	Saltendorf . . .	Haidhof	Schierstein . . .	Eltville
Rotschau	Reichenbach i. V.	Salzgitter . . .	Ringelheim	Schildberg . . .	Lottin
Rottach	Weißach	Samsleben . . .	Schöppenstedt	Schiltigheim . . .	Straßburg
Rottenegg . . .	Pfaffenhofen a. J.	Sand	Straßburg	Schirgiswalde . .	Neusalza
Rottewitz	Meißen	Sand	Wörth a. D.	Schkölen	Camburg
Rotthausen . . .	Essen (Rh.-Westf.E.-W.)	Sandersdorf . . .	Bitterfeld	Schkopau	Ammendorf
Rotthausen . . .	Hagen („Mark")	Sarching	Haidhof	Schlachtensee . .	Zehlendorf (Gemeinde)
Röttis	Plauen	St. Amarin . . .	Mülhausen i. Els.	Schlachters · . .	Hubers
Rottluff	Oberlungwitz	St. Bernhardt . .	Neckarwerke	Schladen	Derenburg
Rottorf	Weferlingen	St. Egidien . . .	Oberlungwitz	Schlangenbad . .	Eltville
Rotzel	Herrischried	St. Gotthardt . .	Neckarwerke	Schlanstedt . . .	Crottorf
Rotzelsdorf . . .	Weiden	St. Ilgen	Mühlhausen	Schlat	Neckarwerke
Rückersdorf . . .	Hammer	St. Mang	Au	Schlauroth . . .	Deutsch-Ossig
Rückisch	Reichenbach i. V.	St. Mathias . . .	Trier	Schlebusch . . .	Ohligs
Ruda	Oberschl. E.-W.	St. Micheln . . .	Mücheln	Schledweiler . . .	Daufenbach
Rudakammer . . .	Oberschl. E.-W.	St. Pilt	Kapellenmühle	Schleusenau . . .	Bromberg
Rüdersdorf . . .	Langenberg-Gera	St. Quirin . . .	Weißach	Schlieckum . . .	Hannover
Rüdesheim . . .	Bingen	St. Ulrich	Mücheln	Schliengen . . .	Rheinfelden
Rüdinghausen . .	Kruckel	Sargstedt	Derenburg	Schlierbach . . .	Mülhausen
Rudow	Berlin	Sarstedt	Hannover	Schlierbach . . .	Neckarwerke
Rufach	Gebweiler	Sasbach	Achern	Schliersee . . .	Miesbach
Ruhland	Mückenberg	Saslach	Oberhausen i. Br.	Schlottenhof . . .	Arzberg
Ruhlsdorf	Eberswalde	Sassenhof . . .	Weiden	Schluckenau . . .	Neusalza
Ruhrort	Essen (Rh.-Westf.E.-W.)	Satnelle . . .	Weferlingen	Schlüte . . .	Berne
Ruit	Neckarwerke	Saupersdorf . . .	Obererzgebirg.	Schmachtenhagen .	Eberswalde
Rülisheim	Mülhausen	Sausheim . . .	Mülhausen	Schmallenburg . .	Gleidorf
Rümingen	Rheinfelden	Sayn	Coblenz	Schmargendorf . .	Schöneberg-Berlin
Rümmer . . .	Weferlingen	Schabenheimer-Hof	Ladenburg	Schmidtsdorf . .	Waldenburg i. Schl.
Runstedt	Offleben	Schaching . . .	Deggendorf	Schmidtsiepen . .	Hagen
Ruppendorf . . .	Seifersdorf	Schacht	Arzberg	Schmiedeberg . .	Marklissa
Ruppertsberg . .	Deidesheim	Schackstedt . . .	Alsleben	Schmieheim . . .	Oberhausen i. Br.
Ruppertsgrün . .	Reichenbach i. V.	Schadewalde . .	Marklissa	Schmirma	Mücheln
Ruppertsgrün . .	Werdau	Schafhausen . . .	Unterjesingen	Schmölln	Bautzen
Rüßdorf	Oberlungwitz	Schafhof	Albungen	Schnackenhof . .	Hammer
Rüßwihl	Herrischried	Schäftlarn . . .	Isarwerke	Schnarüm . . .	Hagen
Rust	Oberhausen i. Br.	Schallbach . . .	Rheinfelden	Schneidemühl . .	Borkendorf
Rütte	Herrischried	Scharley	Oberschl. E.-W.	Schneidenbach . .	Reichenbach i. V.
Rüttehof	Herrischried	Scharnhausen . .	Neckarwerke	Schnellbach . . .	Floh
Rützengrün . . .	Rodewisch	Scharnhorst . . .	Vietz	Schöckingen . . .	Münchingen
		Scharrachbergheim	Straßburg	Schöffelbach . . .	Halsdorf
S		Scharre	Hirschfelde	Scholas	Reichenbach i. V.
		Schattberge . . .	Gladau	Schomberg . . .	Oberschles. E.-W.
Saalhausen . . .	Deuben	Schauby	Sörup	Schönach	Triberg
Saalsdorf	Weferlingen	Schauen	Derenburg	Schönaich . . .	Unterjesingen
Sachsenburg . .	Bretleben	Schaum	Derenburg	Schönau	Oberlungwitz
Sachsenhausen . .	Bachhagel	Scheda	Fröndenberg	Schönau	Trieb
Sachsenhausen . .	Oberweimar	Schedewitz . . .	Bockwa	Schönbach . . .	Neusalza
Sachswitz . . .	Noßwitz	Scheibe	Labitsch	Schönbach . . .	Reichenbach i. V.
Säckingen . . .	Rheinfelden	Scheibe	Oberoderwitz	Schönbeck . . .	Loon
Sacrow . .	Potsdam	Schemm	Hagen („Mark")	Schönborn . . .	Mittweida

Versorgter Ort	Elektrizitäts-werk	Versorgter Ort	Elektrizitäts-werk	Versorgter Ort	Elektrizitäts-werk
Schönbronn . . .	Nagold	Schwetzingen Bahnhof	Mannheim Staatsbahn	Simmringen . . .	Schäftersheim
Schönbrunn . . .	Floß	Schwieberdingen .	Münchingen	Sindelfingen . . .	Unterjesingen
Schönbrunn . . .	Marklissa	Schwientochlowitz .	Oberschl. E.-W.	Sindlingen . . .	Unterjesingen
Schönbrunn . . .	Reichenbach i. V.	Seckenheim, Bahnhof	Mannheim Staatsbahn	Sindringen . . .	Jagsthausen
Schönbrunn . . .	Waldenburg i. Schl.	Seckenheim . . .	Rheinau	Söchtenau . . .	Schonstett
Schondorf . . .	Großkromsdorf	Seebach	Mühlhausen i. Th.	Söcking	Starnberg
Schönefeld . . .	Berlin	Seebergen . . .	Wandersleben	Söderhof	Ringelheim
Schönewerda . .	Bretleben	Seefeld	Werneuchen	Sohl	Reuth
Schönfeld	Artern	Seehausen . . .	Bretleben	Sohland	Neusalza
Schönfeld	Reichenbach i. V.	Seenheim	Neuherberg	Solalinden . . .	Riem
Schönfeld . . .	Werneuchen	Seeren	Schwerin a. W.	Solingen	Ohligs
Schönfels . . .	Werdau	Seeseiten	Seeshaupt	Soller	Düren
Schongau	Illachmühle	Segeten	Herrischried	Söllingen	Jerxheim
Schönhain . . .	Meerane	Seggerde	Weferlingen	Solln	Isarwerke
Schönheide . . .	Obererzgebirg.	Sehlde	Elze	Somborn	Bochum („Westfalen")
Schönheiderhammer	Obererzgebirg.	Sehlde	Ringelheim	Sommerschenburg .	Weferlingen
Schönheiderhammer	Schönheide	Sehnde	Hannover	Sommersdorf . .	Völpke i. Sa.
Schönow	Schwerin a. W.	Seidau	Bautzen	Somsdorf	Deuben
Schönow	Zehlendorf (Gemeinde)	Seidelklingen . .	Ingelfingen	Sondelfingen . . .	Neckarwerke
Schönthal	Jagsthausen	Seiferitz	Meerane	Sondernach . . .	Münster i. Els.
Schönthal . . .	Rheinfelden	Seifersdorf . . .	Kunzendorf	Sonnendorf . . .	Pretzen
Schönwald . . .	Selb	Seifersdorf . . .	Oberlungwitz	Sontheim	Heilbronn
Schönwald . .	Triberg	Seifershau . . .	Marklissa	Sontheim	Steinheim
Schopfheim . . .	Rheinfelden	Seinstedt	Derenburg	Sophienau . . .	Waldenburg i. Schl.
Schopfloch . . .	Glatten	Seitschen	Bautzen	Sophienheilstätte .	Blankenhain i. Th.
Schöpfurth . . .	Eberswalde	Selbeck	Essen	Sorga	Rodewisch
Schoppinitz . . .	Oberschl. E.-W.	Selesen	Schmolsin	Sorge	Benneckenstein
Schottenstein . .	Schleifenhan	Sellin	Beßwitz	Sorum	Hannover
Schreiberhau . .	Marklissa	Selxen	Aerzen	Sosa	Obererzgebirg.
Schreibersdorf . .	Marklissa	Semmenstedt . .	Derenburg	Sosnitza	Oberschl. E.-W.
Schrepau	Glogau	Semmritz	Schwerin a. W.	Spandau	Berlin
Schrobenhausen .	Pfaffenhofen a. J.	Sennfeld	Adelsheim	Spechtshausen . .	Deuben
Schröders-Herweg .	Hagen	Sennheim	Gebweiler	Speelberg	Essen
Schröttersdorf . .	Bromberg	Sentheim	Mühlhausen	Sperwiesen . . .	Neckarwerke
Schulau	Wedel	Serbitz	Bitterfeld	Spiller	Marklissa
Schulenburg . . .	Hannover	Sersheim	Bissingen	Spittwitz	Bautzen
Schüren	Kruckel	Seydewitz	Camburg	Splitter	Tilsit
Schwabelweiß . .	Haidhof	Sibbesse	Gronau	Spranden	Stocksmühle
Schwabhausen . .	Wandersleben	Sichtigvor . . .	Mülheim a Möhne	Spreedorf . . .	Neusalza
Schwabsdorf . . .	Oberweimar	Siebenbitz . . .	Trieb	Spremberg . . .	Neusalza
Schwabsoien . . .	Schwabbruck	Siebeneichen . . .	Meißen	Springe	Hannover
Schwaderbach . .	Brundöbra	Siebenhöfen . . .	Geyer	Sprockhövel . . .	Bochum („Westfalen")
Schwaig	Hammer	Siebenhufen . . .	Görlitz	Stachenhausen . .	Ingelfingen
Schwalbach . . .	Soden	Siebenthal . . .	Marklissa	Stadelheim . . .	Isarwerke
Schwanebeck . .	Crottorf	Siegersleben . . .	Eilsleben	Stadtamhof . . .	Regensburg
Schwanefeld . . .	Weferlingen	Sieker	Bielefeld	Stadtilm	Oberweimar
Schwarzbach . .	Essen	Siemianowitz . .	Laurahütte	Staffelfelden . . .	Gebweiler
Schwarzbach . .	Obererzgebirg.	Sierenz	Mülhausen	Stamham	Pretzen
Schwarzwaldau . .	Waldenburg i. Schl.	Siersleben . . .	Mansfeld	Stangendorf . . .	Niederschind-
Schweich	Ehrang	Siestedt	Weferlingen		maas
Schweidnitz . . .	Waldenburg i. Schl.	Sievernich . . .	Düren	Stangengrün . . .	Reichenbach i. V
Schweighausen . .	Gebweiler	Siggenhaus . . .	Prien	Stangenhain . . .	Görlitz
Schweighausen . .	Mülhausen	Siglfing	Erding	Stanowitz	Waldenburg i. Schl.
Schweighof . . .	Ehingen	Sigmanzell . . .	Hubers	Starkow	Beßwitz
Schweikhof . . .	Herrischried	Sigolsheim . . .	Türkheim	Starpel	Schwerin a. W.
Schweinsburg . .	Werdau	Silberstrone . . .	Obererzgebirg.	Starzhausen . . .	Pfaffenhofen a. J.
Schwelm	Lennep	Sillenbuch . . .	Neckarwerke	Staufen	Bachhagel
Schwerte	Hagen („Mark")	Silstedt	Derenburg	Steele	Essen (Rh.-Westf. El.-W.)

Versorgter Ort	Elektrizitätswerk	Versorgter Ort	Elektrizitätswerk	Versorgter Ort	Elektrizitätswerk
Stegelitz	Möckern	Straupitz	Marklissa	Teltow	Steglitz
Stein	Stein-Chemnitz-thal	Stregda	Stockhausen	Tempel	Schwerin a. W.
Steina	Hartha	Streitwald . . .	Obererzgebirg.	Tempelhof . . .	Steglitz
Steinach	Waldsee	Strenz-Naundorf .	Alsleben	Temritz	Bautzen
Steinau	Waldenburg i. Schl.	Striebelhof . . .	Kleinkötz	Teublitz	Haidhof
Steinbach	Ingelfingen	Striegau	Waldenburg i. Schl.	Teufstetten . . .	Pretzen
Steinbach . . .	Lautrach	Strittmatt . . .	Herrischried	Thal	Thalmühle
Steinbach . . .	Neckarwerke	Ströbeck	Derenburg	Thalbürgel . . .	Bürgel i. Th.
Steinbach . . .	Seelbach	Strodthagen . . .	Hollenstedt	Thalfingen . . .	Kleinkötz
Steinbach . . .	Weiden	Struth	Mülhausen i. Th.	Thalheim	Oberlungwitz
Steinbrücken . .	Langenberg-Gera	Struthütten . . .	Siegen	Thalkirchen . . .	Isarwerke
Steinbühl	Weiden	Stubbendorf . . .	Neuhof	Thann	Mülhausen i Els.
Steinburg	Lottin	Stublach	Langenberg-Gera	Tharandt	Deuben
Steinförde . . .	Oldau (Aller-zentrale)	Stühlingen . . .	Schaffhausen	Thauhof	Werdau
Steinfurth . . .	Eberswalde	Stübnitz	Langenberg-Gera	Theisseil	Weiden
Steingaden . . .	Illachmühle	Südende	Steglitz	Theningen . . .	Oberhausen i. Br.
Steingriff	Pfaffenhofen a. J.	Suderode	Derenburg	Thierschneck . .	Camburg
Steinhäule . . .	Kleinkötz	Suderwich . . .	Zeche Ewald	Thondorf	Mansfeld
Steinhof	Neuhof	Suffelweyersheim .	Straßburg	Thoßfell	Reichenbach i. V.
Steinigtwolmsdorf .	Neusalza	Sulbach	Neckarwerke	Thumen	Hubers
Steinkirch . . .	Marklissa	Sulz	Gebweiler	Thumitz	Bautzen
Steinkunzendorf .	Langenbielau	Sulz	Nagold	Thurm	Niederschind-maas
Steinlah	Ringelheim	Sulzbach	Oberroßla		
Steinmitz	Labitsch	Sulzbach	Saarbrücken	Thürnhof	Reichenbach i. V.
Steinpleis . . .	Werdau	Sulzbach	Soden	Tiefengruben . .	Blankenhain i. Th.
Steinwitz . . .	Labitsch	Sulzbad	Straßburg	Tiefurt	Großkromsdorf
Stellau	Wrist	Sulzberg	Au	Tilleda	Bretleben
Stelzendorf . . .	Oberlungwitz	Sulzdorf	Unterscheffach	Timmenrode . . .	Thale a. H.
Stemmen	Hannover	Sülzenbrücken . .	Wandersleben	Timmern	Derenburg
Stenn	Werdau	Sulzern	Münster i. Els.	Tischitzsch . . .	Langenberg-Gera
Stentz	Schwerin a. W.	Sulzmatt	Gebweiler	Todtmoos	Herrischried
Sterkrade . . .	Essen-Ruhr	Sundhausen . . .	Enweyer	Tolk	Wellspang
Stetten	Rheinfelden	Sundhausen . . .	Mühlhausen i.Th.	Tolkewitz	Dresden
Stetzsch	Cossebaude	Sundheim . . .	Straßburg	Tonndorf	Alt-Rahlstedt
Steuerwald . . .	Hannover	Sündsdorf . . .	Reichenbach i. V.	Tonndorf	Blankenhain i.Th.
Still	Straßburg	Süplingen	Weferlingen	Topfseifersbach .	Mittweida
Stöbnitz	Mücheln	Süpplingen . . .	Helmstedt	Trabehn	Lottin
Stockdorf	Isarwerke	Süßenborn . . .	Oberweimar	Tränheim	Straßburg
Stöckeln	Werdau	Sütgerloch . . .	Düren	Träpnitz	Langenberg-Gera
Stöcken	Hannover			Trebnitz	Teuchern
Stockheim . . .	Düren			Treffurt	Wanfried
Stöckheim . . .	Hollenstedt	**T**		Treptow	Berlin
Stockstadt . . .	Dettingen	Tailfingen	Unterjesingen	Trieb	Hochstadt a. M.
Stockum	Bochum („Westfalen")	Tamm	Bissingen	Triebel	Lausitzer E.-W.
Stodel	Schleifenhan	Tannhausen . . .	Waldenburg i. Schl.	Tröbigau	Bautzen
Stohe	Werl	Tannroda	Blankenhain i.Th.	Troitschendorf . .	Marklissa
Stollbeck	Tilsit	Tannroda	Riesa	Trostberg . . .	Altenmarkt
Stollberg	Oelsnitz	Tasdorf	Neumünster	Trugenhofen . . .	Bachhagel
Stolzenberg . . .	Marklissa	Tatendorf	Ebstorf	Trupe	Lilienthal
Stolzenhagen . .	Eberswalde	Taubach	Oberweimar	Tryppehna	Möckern
Stoppenberg . . .	Essen (Rh.-Westf. E.-W.)	Taubenheim . . .	Neusalza	Tschöppeln . . .	Lausitzer E.-W.
Stoßweier . . .	Münster i. Els.	Tauchlitz	Langenberg-Gera	Tungendorf . . .	Neumünster
Stötterlingen . . .	Derenburg	Tauchritz	Deutsch-Ossig	Tüngental	Cröffelbach
Stralau	Berlin	Taufkirchen . . .	Riem	Türbel	Pirk
Straßlach	Isarwerke	Taura	Oberlungwitz	Türchau	Hirschfelde
Straßtrudering . .	Riem	Tegernheim . . .	Haidhof	Turzig	Beßwitz
		Tegernsee	Weißach	Twedt	Hoffnungsthal

Versorgter Ort	Elektrizitätswerk	Versorgter Ort	Elektrizitätswerk	Versorgter Ort	Elektrizitätswerk
U		Urloffen	Achern		
		Ursenwang	Neckarwerke	**W**	
Überach	Ringelheim	Ursprung	Ober-Lungwitz		
Überruhr	Essen-Ruhr	Üsdorf	Frechen		
Ueckendorf	Essen-Ruhr	Utenbach	Camburg	Wachbach	Hohebach
Ugen	Neckarwerke			Wahrde	Hagen
Uhlbach	Neckarwerke			Wahrstedt	Weferlingen
Uhlbach	Pfaffenhofen i. Els.	**V**		Waischenfeld	Gutenbiegen
Uhrsleben	Weferlingen			Walbeck	Weferlingen
Uhry	Weferlingen	Vaals (Holland)	Kohlscheid	Wald	Ohligs
Ulkebüll	Kjaer	Vahldorf	Hillersleben	Walddorf	Oberoderwitz
Ullersdorf	Marklissa	Vaihingen	Unterjesingen	Wäldenbronn	Neckarwerke
Ullersdorf	Nauheim	Vallendar	Coblenz	Waldersdorf	Reichenbach i. V.
Ullersricht	Weiden	Vangerow	Lottin	Waldhausen	Neckarwerke
Ulm	Achern	Varenesch	Essemühle	Waldhof	Mannheim (Stadt)
Ulrichshalben	Oberweimar	Vatterode	Mansfeld	Waldkirchen	Ober-Lungwitz
Ummendorf	Eilsleben	Veckenstedt	Derenburg	Waldkirchen	Reichenbach i. V.
Ummersberg	Ebensfeld	Velbert	Neviges	Waldsachsen	Meerane
Umpferstedt	Oberweimar	Velmede	Bestwig	Waldulm	Kappelrodeck
Unholzing	Wörth a. J.	Velpke	Weferlingen	Walk	Pfaffenhofen i. Els.
Unna	Dortmund	Velsdorf	Weferlingen	Walkersbach	Pfaffenhofen a. J.
Unnau	Hachenburg	Veltheimsburg	Weferlingen	Wallbach	Rheinfelden
Unterbechingen	Bachhagel	Vendenheim	Straßburg	Wallendorf	Eckartsberga
Unterbiberg	Isarwerke	Venusberg	Drebach	Wallenstedt	Gronau
Unterboihingen	Neckarwerke	Versin	Beßwitz	Wallhausen	Bretleben
Unterbrunn	Ebensfeld	Vettweiß	Düren	Wallwitz	Möckern
Unterbrunn	Gauting	Vicha	Deutsch-Ossig	Walpersreuth	Weiden
Unterbürg	Hammer	Vieselbach	Oberweimar	Waltenhofen	Au
Untereichstädt	Mücheln	Vils	Reutte i. Tirol	Walterweier	Achern
Unterensingen	Neckarwerke	Vitzenburg	Grabenmühle	Wambel	Dortmund
Unterfinningen	Bachhagel	Vogelsang	Elbing	Wangen	Straßburg
Unterföhring	Riem	Vogelsdorf	Waldenburg i. Schl.	Wankheim	Unterjesingen
Unterglotterthal	Oberglotterthal	Vögisheim	Mülhausen	Wanne	Bochum („Westfalen")
Untergriesingen	Rißtissen	Vohwinkel	Elberfeld	Wannsee	Potsdam
Unterhaching	Riem	Voigtsberg	Ölsnitz i. V.	Wannweil	Unterjesingen
Unterheinsdorf	Reichenbach i. V.	Voigtsdorf	Marklissa	Wanzenau	Straßburg
Unter-Isling	Haidhof	Voigtsgrün	Obererzgebirg.	Warberg	Offleben
Unterjettingen	Unterjesingen	Voigtsgrün	Reichenbach i. V.	Warmbach	Rheinfelden
Unterlauterbach	Trieb	Voigtstedt	Bretleben	Warmbrunn	Herischdorf
Unterleming	Neckarwerke	Volkertshofen	Kleinkötz	Warmbrunn	Marklissa
Unterlenzkirch	Lenzkirch	Völklingen	Saarbrücken	Warmen	Fröndenberg
Untermarxgrün	Ölsnitz	Volkmarsdorf	Weferlingen	Warrenzin	Zarnekow
Untermaßfeld	Grimmenthal	Völksen	Greene	Wäschenbeuren	Neckarwerke
Untermaubach	Düren	Völksen	Hannover	Waschleite	Obererzgebirg.
Untermedlingen	Bachhagel	Volkstedt	Mansfeld	Waschwitz	Dresden
Untermenzing	Allach	Vollung	Pulsnitz	Wassel	Hannover
Unterpfaffenhofen	Isarwerke	Volmarstein	Kruckel	Wasselnheim	Straßburg
Untersachsenberg	Brundöbra	Vömmelbach	Hagen	Wassensdorf	Weferlingen
Untersteinbach	Pfreimd	Vorbruck	Schirmeck	Wasserburg	Kleinkötz
Unterstützengrün	Obererzgebirg.	Vorbruck	Walsrode	Wasserleben	Derenburg
Untersulmetingen	Rißtissen	Vörde	Schwelm	Waßmannsdorf	Berlin
Unterurbach	Neckarwerke	Vorderbrarup	Süderbrarup	Wattendorf	Pretzen
Unter-Weischlitz	Pirk	Vorderhufen	Königsberg-Mittelhufen	Wattenscheid	Bochum („Westfalen")
Unterweißig	Deuben	Vörie	Hannover	Wechmar	Wandersleben
Upost	Zarnekow	Vorsfelde	Weferlingen	Weckenstedt	Derenburg
Urach	Neckarwerke	Vorst	Neuß	Weckhofen	Neuß
Urbar	Coblenz	Vorwalsrode	Walsrode	Weddendorf	Weferlingen
		Vötting	Freising	Wedringen	Hillersleben

Versorgter Ort	Elektrizitätswerk	Versorgter Ort	Elektrizitätswerk	Versorgter Ort	Elektrizitätswerk
Weelze	Mandelsloh	Wendischrottmannsdorf	Reichenbach i. V.	Wildenau	Rodewisch
Weener	Auricher Wismoor	Wengern	Bochum („Westfalen")	Wildenfels	Ölsnitz i. Erzgeb.
Weetzen	Hannover	Wenigenjena	Jena	Wildentha l	Obererzgebirg.
Wefebsleben	Weferlingen	Wenkhausen	Mühlhausen i. Th.	Wildthurn	Landau a. d. Isar
Wegeleben	Crottorf	Wensickendorf	Eberswalde	Wilhelmshof	Schmolsin
Wegendorf	Werneuchen	Wentorf	Reinbek	Wilhelmsruh	Berlin
Wegenstedt	Weferlingen	Werda	Trieb	Wilkau	Bockwa
Wehmingen	Hannover	Werdach	Feldkirchen	Wilkenburg	Hannover
Wehr	Rheinfelden	Werden	Essen (Rh.-Westf. E.-W.)	Wilkensdorf	Strausberg
Wehrsdorf	Neusalza	Wermelskirchen	Krähwinklerbrücke	Willaringen	Herrischried
Wehrstedt	Crottorf			Willich	Osterath
Weichs	Haidhof	Werndlfing	Pretzen	Wilmersdorf	Schöneberg-Berlin
Weiden	Frechen	Werne	Bochum („Westfalen")	Wilmsdorf	Deuben
Weiden	Kohlscheid	Wernersdorf	Marklissa	Windisch-Eschenbach	Weiden
Weidenau	Siegen	Wernsdorf	Niederschindmaas	Windschläg	Achern
Weidenhausen	Albungen			Winkel	Eltville
Weigsdorf	Neusalza	Wersdorf	Oberweimar	Winkwitz	Meissen
Weihenstephan	Freising	Wesseln	Elbing	Winnekendonk	Essen
Weikersheim	Schäftersheim	Wesserling	Mülhausen i. Els.	Winning	Riem
Weil	Unterjesingen	Weßling	Gauting	Winninghausen	Hannover
Weil	Rheinfelden	Wessow	Werneuchen	Winz	Bochum („Westfalen")
Weilderstadt	Unterjesingen	West-Büderich	Werl	Winzenheim	Türkheim
Weildorf	Horb	Westend Bahnhof	Charlottenburg	Winzer	Haidhof
Weiler	Mülhausen i. Els.	Westendorf	Rinteln	Wipplas	Reichenbach i. V.
Weiler	Neckarwerke	Westenfeld	Bochum („Westfalen")	Wissek	Wirsitz
Weiler i. Allgäu	Bregenz-Vorar.berg	Westennoldt	Ulzburg	Wittelsheim	Gebweiler
Weilheim	Neckarwerke	Westerflag	Rißtissen	Witten	Bochum („Westfalen")
Weilheim	Unterjesingen	Westerham	Feldkirchen	Wittenau	Berlin
Weinsdorf	Niederrossau	Westerham	Riem	Wittenheim	Mülhausen i. Els.
Weipertshausen	Weidach	Westerhausen	Derenburg	Wittgendorf	Zittau
Weißbach	Dittersdorf	Westhalten	Gebweiler	Wittgensdorf	Oberlungwitz
Weißbach	Obererzgebirg.	Westhofen	Straßburg	Wittislingen	Bachhagel
Weißbach	Pulsnitz	Westick	Fröndenberg	Witzhelden	Ohligs
Weißenberg	Neuß	Westönnen	Werl	Witzighausen	Ulm
Weißenfeld	Riem	Wettbergen	Hannover	Wobeser	Beßwitz
Weißenhorn	Kleinkötz	Wetter	Kruckel	Woblanse	Beßwitz
Weisensand	Reichenbach i. V.	Wettolsheim	Türkheim	Wohlsborn	Oberweimar
Weißer Hirsch	Bühlau	Wettringhof	Hagen	Wohltorf	Reinbek
Weißer Hirsch	Loschwitz	Wetzelsgrün	Reichenbach i. V.	Wohra	Halsdorf
Weißhaus	Reutte i. Tirol	Wetzleben	Derenburg	Wölferdingen	Großblittersdorf
Weißig	Deuben	Weyersheim	Straßburg	Wolferode	Mansfeld
Weißstein	Waldenburg i. Schl.	Wickardsmühle	Herrischried	Wolfersgrün	Reichenbach i. V.
Weißwasser	Lausitzer E.-We.	Wickendorf	Waldenburg i. Schl.	Wolfisheim	Straßburg
Weisweil	Oberhausen i. Br.	Widdeshoven	Neuß	Wolfratzhofen	Wangen
Weisweiler	Düren	Wiechs	Schaffhausen	Wolfsloch	Hochstadt a. M.
Weitbruch	Straßburg	Wiedelach	Vienenburg	Wolfspfütz	Reichenbach i. V.
Weitersburg	Coblenz	Wiegendorf	Oberweimar	Wolfswinkel	Eberswalde
Weitingen	Nagold	Wiesa	Marklissa	Wolheim	Pfaffenhofen a. J.
Weldingsfelden	Ingelfingen	Wiesdorf	Ohligs	Wolla	Stocksmühle
Wellingen	Neckarwercke	Wiesen	Ebensfeld	Wollersheim	Düren
Wellingerode	Albungen	Wiesen	Obererzgebirg.	Wöllershof	Weiden
Wellinghofen	Kruckel	Wiesenburg	Oelsnitz	Wollmatingen	Konstanz
Welsede	Thalermühle	Wießee	Weißach	Wollmutshüll	Ebermannstadt
Weltenberg	Jagsthausen	Wietze	Oldau (Allerzentrale)	Wolnzach	Oberhausen i. Br.
Wenden	Mücheln			Wolpertsdorf	Offleben
Wendisch-Carsdorf	Seifersdorf	Wilchenreuth	Weiden	Wolpertshausen	Cröffelbach
Wendisch-Ossig	Deutsch-Ossig	Wildberg	Nagold	Wolsdorf	Straßburg
Wend. Plassow	Beßwitz				

Versorgter Ort	Elektrizitätswerk	Versorgter Ort	Elektrizitätswerk	Versorgter Ort	Elektrizitätswerk
Wormstedt . . .	Camburg	Zabrze	Ober-chl. E.-W.	Zillbeck	Weferlingen
Wormstedt . . .	Unterscheffach	Zaiertshofen . . .	Breitenthal i. Schw.	Zillerthal-Erdmanns-dorf	Marklissa
Wottenbach	Wörth a. J.			Zillham	Schonstett
Wrescherode . . .	Camburg	Zalenze	Oberschl. E.-W.	Zillisheim	Mülhausen i. Els.
Wulding	Greene	Zarkau	Glogau	Zimmern	Achern
Wülfel	Dachau	Zaschendorf . . .	Meißen	Zingst	Grabenmühle
Wülferode . . .	Hannover	Zatzschke . . .	Copitz	Zippach	Langenberg-Gera
Wulfersdorf . . .	Weferlingen	Zauckerode . . .	Deuben	Zirlau	Waldenburg
Wulferstedt . . .	Hannover	Zazenhausen . . .	Neckarwerke	Zizishausen . . .	Neckarwerke
Wulfflatzke . . .	Essen	Zeckendorf . . .	Ebensfeld	Zöbigker	Mücheln
Wülfingen	Crottorf	Zeckritz	Prettin	Zockau	Bautzen
Wülfrath	Essen (Rh.-Westf.E.-W.)	Zehdenick	Eberswalde	Zodel	Görlitz
Wülfrath	Nordstemmen	Zehlendorf b. Nieder-barnim	Eberswalde	Zollenreute . . .	Waldsee
Wülperode . . .	Lottin	Zeisendorf . . .	Steinau	Zorban	Mücheln
Wünheim	Derenburg	Zeitlarn	Haidhof	Zöschingen . . .	Bachhagel
Wünschendorf . .	Gebweiler	Zell	Isarwerke	Zottelstedt . . .	Oberweimar
Wünschendorf . .	Marklissa	Zell a. Neckar . .	Neckarwerke	Zschackau . . .	Prettin
Wurgassen . . .	Helmarshausen	Zell-Bergholz . .	Gebweiler	Zscheiplitz . . .	Freyburg
Wurgwitz	Deuben	Zell-Lautenbach .	Gebweiler	Zscherndorf . . .	Bitterfeld
Wurmlingen . . .	Marklissa	Zell u. A.	Neckarwerke	Zschiedge	Coschütz
Wurz	Weiden	Zellenberg . . .	Türkheim	Zschila	Meißen U.-C.
Würzelen	Unterjesingen	Zellerfeld	Clausthal	Zschockau . . .	Ölsnitz i. Erzg.
Wusseken . . .	Kohlscheid	Zelz	Lausitzer E.-W.	Zschöllau	Oschatz
Wüstenbrand . .	Beßwitz	Zemmer	Daufenbach	Zschopau	Oberlungwitz
Wüstenbrand . . .	Oberlungwitz	Zeppenbroich . .	Neuß	Zschoppelshain . .	Mittweida
Wutzelhofen . . .	Haidhof	Zerpenschleuse . .	Eberswalde	Zschorna	Wurzen
Wyhlen	Rheinfelden	Zettin	Beßwitz	Zuffenhausen . .	Neckarwerke
Wyl	Oberlungwitz	Ziegelei	Neuß	Zühlsdorf	Eberswalde
		Ziegelrode . . .	Mansfeld	Zum Hohle . . .	Hagen
		Ziegenhain . . .	Jena	Zwätzen	Jena
Z		Ziepel	Möckern	Zwetau	Prettin
Zaasch	Bitterfeld	Zierlau	Waldenburg i. Schl.	Zwota i. V. . . .	Klingenthal
Zaborze	Oberschl. E.-W.	Ziertheim	Bachhagel		

F. Ergebnisse der Statistik.

1. Zusammenstellung einiger Resultate dieser **Nachtragsstatistik**.

Der Abschnitt A enthält 281 Werke.
Der Abschnitt C enthält 150 Werke.
Unter Berücksichtigung des Umstandes, daß von den im Abschnitt C aufgeführten Werken ein Teil vielleicht nicht existiert, dürfte sich die Zahl der neu ermittelten Werke auf ca. 380 stellen.
Der Abschnitt B enthält 112 Werke.
Der Abschnitt E enthält 3812 versorgte Orte.

a) Angaben über Anschlüsse der Werke in Abschnitt A:

Zahl der angeschlossenen Glühlampen	311 164
Anschlußwert der Glühlampen	15 558 KW
Zahl der angeschlossenen Bogenlampen	1 401
Anschlußwert der Bogenlampen	707 „
Leistung der angeschlossenen stationären Motoren	29 419 PS
„ „ „ Bahnmotoren	545 „
Anschlußwert der Koch- und Heizapparate	331 KW
Gesamter Anschlußwert	43 563 KW

b) Angaben über Leistung und System der Werke in Abschnitt A:

Leistung der Maschinen	34 607 KW
„ „ Akkumulatoren	3 631 „
Gesamtleistung	38 238 KW
Gesamtleistung der Werke mit Gleichstrom	13 213 „
„ „ „ „ Wechsel- und Drehstrom .	23 402 „
„ „ „ „ gemischtem System	1 623 „

c) Angaben über die Betriebskraft der Werke in Abschnitt A:

Es verwenden ausschließlich Dampf	54 Werke
„ „ „ Wasser	37 „
„ „ „ Umformer u. Transformatoren	15 „
„ „ „ Explosionsmotoren	56 „
„ „ Wasser und Dampf	42 „
„ „ verschiedene und unbekannte Betriebskraft	77 „

d) Einteilung der Werke nach ihrer Gesamtleistung.

Von den 281 Werken des Abschnitts A haben hierüber nur 105 Angaben gemacht, die sich wie folgt verteilen:

Größenordnung in KW	Zahl der Werke
bis 100	62
101 „ 500	31
501 „ 1000	7
1001 „ 2000	2
2001 „ 5000	2
5001 „ 10 000	—
über 10 000	1

e) Angaben über die Verwendung der verschiedenen Systeme.

System	Zahl der Werke	Leistung der Masch. in KW	Leistung der Akk. in KW
Wechselstrom .	5	400	26
Drehstrom . . .	58	22 952	24
Gleichstrom . .	193	10 007	3 206
Gemischtes und unbekanntes .	25	1 248	375

f) Angaben über das Alter der Werke:

Zahl der Betriebsjahre	Zahl der Werke	Zahl der Betriebsjahre	Zahl der Werke
20	1	7	8
15	1	6	5
14	3	5	16
12	4	4	15
11	4	3	9
10	3	2	40
9	2	1	112
8	10	unbekannt	48

In 31 Orten, in denen ein Elektrizitätswerk besteht, ist noch ein Gaswerk.

58 Orte haben hierüber keine Angaben gemacht,

192 „ „ neben dem Elektrizitätswerk k e i n Gaswerk.

Von den in Abschnitt A aufgeführten Werken

sind 217 in Privatbesitz,

59 in städtischem oder staatlichem Besitz,

5 unbekannten Besitzes.

Es speisen 2 Werke je eine Bahn. Die Leistung der angeschlossenen Bahnmotoren beträgt insgesamt 545 PS.

Von den im Abschnitt A aufgeführten Werken haben noch einen Nebenbetrieb 37 Werke. Die Elektrizitätsabgabe ist bei 78 Werken selbst Nebenbetrieb. Bei 29 Werken ist diesbezüglich nichts Sicheres auszusagen. Mithin ergibt sich, daß 137 Werke ausschließlich den Zweck haben, die öffentliche Elektrizitätsversorgung zu bewirken.

Über die bei den im Abschnitt A aufgeführten Werken verwendeten Spannungen gibt nachstehende Tabelle Aufschluß.

G l e i c h s t r o m :

2 - L e i t e r

65 Volt 1 mal vorhanden,

100—125 „ 46 „ „

220—260 „ 83 „ „

500—600 „ 3 „ „

3 - L e i t e r

ca. 2 × 110 Volt 34 mal vorhanden,

„ 2 × 220 „ 28 „ „

W e c h s e l s t r o m :

65 Volt 1 mal vorhanden,

110—120 „ 2 „ „

220—250 „ 1 „ „

3 000 „ 1 „ „

10 500 „ 1 „ „

Drehstrom:

110—125 Volt 29 mal vorhanden,

220	„	47 „	„
380	„	3 „	„
500	„	5 „	„
2 000	„	1 „	„
3 000	„	10 „	„
5 000	„	8 „	„
5 500	„	2 „	„
6 000	„	5 „	„
7 000	„	1 „	„
8 000	„	1 „	„
10 000	„	6 „	„
15 000	„	3 „	„
35 000	„	1 „	„

Über die Ausführung des Netzes haben 236 Werke Angaben gemacht. Davon haben

191 ausschließlich Oberleitungsnetz,

8 „ Kabelnetz,

37 gemischtes Netz.

Die Zahl der in Abschnitt A angegebenen Zähler beträgt:

für Licht getrennt angegeben 20 003

„ Kraft „ „ 3 955

ungetrennt „ 2 488

Summa 26 446

Eine Leistung über 2000 KW haben 3 Werke. Ihre Gesamtleistung beträgt 13 900 KW.

2. Zusammenfassung vorstehender Resultate mit denjenigen der Ausgabe vom 1. IV. 1909 unter Schätzung der inzwischen eingetretenen Veränderung der letzteren.

Nachstehend sollen nun die im vorigen Jahre gewonnenen statistischen Zahlen in Zusammenhang gebracht werden mit den durch diese Nachtragsstatistik erzielten unter Berücksichtigung der im abgelaufenen Jahre stattgefundenen Entwicklung der alten Werke.

Um dieses machen zu können, wurde durch die Arbeit des Herausgebers „Weitere Ergebnisse der Statistik der Elektrizitätswerke in Deutschland nach dem Stande vom 1. April 1909" im Heft 5 Seite 116 der Elektrotechnischen Zeitschrift, Jahrgang 1910, vorgearbeitet. Dort ist festgestellt, daß die mittlere Zunahme der Leistung für die Jahre 1905—09 ungefähr 15 pCt. beträgt. Auf Grund dieser Untersuchung war es möglich, die im vorigen Jahre und in diesem Jahre gewonnenen Zahlen zusammenzustellen und so mit ziemlicher Annäherung zu sagen, wie augenblicklich der Stand der Elektrizitätswerke ist. Hierbei ist für die Anschlüsse die gleiche prozentuale Zunahme eingesetzt worden wie für die Leistung.

Der Abschnitt A der Ausgabe 1909 enthielt . . . . 1978 Werke

„ „ „ „ „ 1910 enthält . . . . 281 „

Zurzeit insgesamt also nachgewiesen . . . . 2259 Werke

Von den unsicheren Werken dürften bestehen . . . . ca. 99 „

Wahrscheinlich vorhanden ca. 2358 Werke

Der Abschnitt E dieser Ausgabe enthält . . . . 3812 versorgte Orte

Geschätzte Zahl der in dieser Ausgabe nicht aufgeführten Orte, die an alte Werke im Laufe des letzten Jahres angeschlossen worden sind . . . . 300 „ „

Zahl der in der Statistik von 1909 nachgewiesenen Werke 1978

Zahl der in dieser Statistik nachgewiesenen Werke 281

Zahl der unsicheren Werke dieser Statistik 99

Insgesamt wird öffentlich Elektrizität verteilt in ca. 6470 Orten

Tabelle I.
Vergleich mit den früheren Ausgaben der Statistik.

Jahrgang der Statistik	Zahl der enthaltenen Werke	Zunahme gegen die vorhergehende Statistik
1. IV. 1895	148	
1. X. 1895	180	32
1. III. 1897	265	85
1. III. 1898	375	110
1. III. 1899	489	114
1. III. 1900	652	163
1. IV. 1901	768	116
1. IV. 1902	870	102
1. IV. 1903	939	69
1. IV. 1904	1028	89
1. IV. 1905	1175	147
1. IV. 1906	1338	163
1. IV. 1907	1530	192
1. IV. 1909	1978	448
Geschätzt für 1. IV. 1910 . .	2259	281

Tabelle II.
Angaben über Anschlüsse.

Jahrgang der Statistik	Zahl der angeschlossenen Glühlampen	Anschlußwert der Glühlampen	Zahl der angeschlossenen Bogenlampen	Anschlußwert der Bogenlampen	Leistung der stationären Motoren in PS	Leistung der Bahnmotoren in PS	Anschlußwert der Koch-, Heizapparate usw. i. KW	Gesamter Anschlußwert in KW
1. IV. 1895	493 801	24 690	12 357	6 179	5 635	—	—	35 941
1. X. 1895	602 986	30 149	15 396	7 698	10 254	—	—	47 076
1. III. 1897	1 025 785	51 511	25 024	12 511	21 809	—	—	83 428
1. III. 1898	1 429 601	71 480	32 586	16 293	35 867	—	—	119 053
1. III. 1899	1 940 744	97 037	41 172	20 586	68 629	—	—	179 389
1. III. 1900	2 623 893	131 194	50 070	25 036	106 368	—	—	251 961
1. IV. 1901	3 403 205	170 160	64 278	32 139	141 414	—	—	329 572
1. IV. 1902	4 200 203	210 010	84 891	42 446	192 059	—	—	425 309
1. IV. 1903	5 050 584	252 529	93 415	46 706	218 953	—	—	496 284
1. IV. 1904	5 687 382	284 369	110 856	55 428	263 036	—	—	576 530
1. IV. 1905	6 301 718	315 086	121 912	60 956	310 428	—	—	655 427
1. IV. 1906	8 240 596	412 030	154 913	77 455	377 838	—	—	829 541
1. IV. 1907	9 736 563	486 828	178 912	89 456	582 862	—	—	1 100 861
1. IV. 1909	12 808 351	640 418	234 566	129 011	896 910	286 910	37 721	1 872 592
Geschätzter Wert für 1. IV. 1910	15 000 000	750 000	271 000	149 000	1 000 000	330 000	43 700	2 140 000

Tabelle III.
Angaben über Gesamtleistung der Werke.

Jahrgang der Statistik	Gesamt-Zentralenleistung KW	Jahrgang der Statistik	Gesamt-Zentralenleistung KW
1. IV. 1895	38 485	1. IV. 1903	482 557
1. X. 1895	46 573	1. IV. 1904	530 947
1. III. 1897	78 237	1. IV. 1905	625 870
1. III. 1898	111 539	1. IV. 1906	723 089
1. III. 1899	168 321	1. IV. 1907	858 841
1. III. 1900	230 058	1. IV. 1909	1 161 609
1. IV. 1901	352 570	Geschätzter Wert für 1. IV. 1910. .	1 373 000
1. IV. 1902	438 772		

Tabelle IV.

Angaben über die Betriebskraft.

Jahrgang der Statistik	Es verwenden ausschließlich				Es verwenden	
	Dampf	Wasser	Umformer oder Transformatoren	Explosionsmotoren	Wasser und Dampf	Verschiedene Betriebsarten u. Unbekannt
1. IV. 1895	80	44	—	5	11	8
1. X. 1895	99	41	—	5	19	15
1. III. 1897	151	45	—	6	45	19
1. III. 1898	218	52	—	14	76	14
1. III. 1899	290	55	1	21	103	18
1. III. 1900	382	74	1	29	144	21
1. IV. 1901	463	73	4	39	170	19
1. IV. 1902	509	84	4	52	193	28
1. IV. 1903	552	98	4	61	196	26
1. IV. 1904	570	109	5	96	208	40
1. IV. 1905	630	125	7	132	219	62
1. IV. 1906	616	135	9	180	250	148
1. IV. 1907	669	161	32	210	288	170
1. IV. 1909	713	177	36	294	348	410
Geschätzter Wert für 1. IV. 1910 . .	767	214	51	350	390	487

Tabelle V.

Angaben über Verwendung der verschiedenen Systeme.

System	Zahl der Werke
Wechselstrom	52
Drehstrom.	241
Gleichstrom	1736
Gemischtes und Unbekannt	230

Tabelle VI.

Angaben über das Alter der Werke.

Zahl der Betriebsjahre	Zahl der Werke	Zahl der Betriebsjahre	Zahl der Werke
28	1	12	118
25	1	11	183
24	1	10	137
23	2	9	129
22	8	8	141
21	8	7	137
20	5	6	159
19	9	5	140
18	19	4	185
17	28	3	141
16	51	2	232
15	40	1	112
14	66	unbekannt	111
13	95		

In 382 Orten, in denen ein Elektrizitätswerk besteht, ist noch ein Gaswerk.

675 Orte haben bezüglich Gaswerk keine Angaben gemacht.

1202 Orte haben neben dem Elektrizitätswerk k e i n Gaswerk.

Von den bis zum 1. April 1910 in Betrieb genommenen Werken waren

1545 in Privatbesitz,

691 in städtischem oder staatlichem Besitz,

23 unbekannten Besitzes.

Von den sicher bestehenden 2259 Elektrizitätswerken sind

1272 reine Elektrizitätswerke (d. h. Werke ohne Nebenbetrieb),

189 Werke haben Nebenbetriebe,

320 „ sind selbst im Nebenbetrieb errichtet,

und über 478 „ läßt sich diesbezüglich nichts Sicheres aussagen.

Über die Ausführung des Netzes haben 2198 Werke Angaben gemacht. Davon haben 1639 ausschließlich Oberleitungsnetz, 141 ausschließlich Kabelnetz, 418 gemischtes Netz.

Die Zahl der verwendeten Zähler beträgt 664 327, soweit Angaben darüber gemacht worden sind.

In den 2259 Werken, deren Bestehen sicher nachgewiesen ist, werden die nachstehend angegebenen Spannungen verwendet (soweit die entsprechende Rubrik ausgefüllt worden ist).

Gleichstrom.

2-Leiter.

65	V	1-mal vorhanden	
100 bis 125	„	274	„
ca. 150	„	8	„
220 bis 260	„	617	„
ca. 440	„	4	„
500 bis 600	„	137	„
ca. 700	„	1	„

3-Leiter.

ca. 2 × 65 V	1-mal vorhanden	
„ 2 × 110 „	523	„
„ 2 × 150 „	28	„
„ 2 × 220 „	455	„
„ 2 × 550 „	1	„

5-Leiter.

ca. 4 × 110 V   3-mal vorhanden

Wechselstrom.

65	V	1-mal vorhanden	
75	„	1	„
110 bis 120	„	28	„
150 „ 170	„	7	„
220 „ 250	„	7	„
550	„	1	„
2 000	„	18	„
2 600	„	1	„
2 700	„	1	„
3 000	„	5	„
3 500	„	3	„
4 000	„	1	„
5 000	„	3	„
7 200	„	1	„
10 500	„	1	„

Drehstrom.

Volt ca.	mal vorhanden	Volt ca.	mal vorhanden
110 bis 127	221	2 700	5
150	18	3 000	99
170	4	3 500	3
190	14	4 000	5
210 bis 225	238	5 000	89
250	18	5 500 bis 6 000	34
280 bis 300	3	6 500 „ 7 000	8
380	14	7 600 „ 8 000	5
400 bis 450	14	8 700	1
500	42	10 000	35
550	5	12 000	1
750	1	15 000	7
1 000 bis 1 200	13	17 000	3
1 500	5	20 000	4
2 000	43	30 000	2
2 500	5	35 000	1
		50 000	1

Schaltanlagen
Schaltapparate
sowie Meßinstrumente
für Hoch- und Niederspannung
nur in bewährten Ausführungen

Dr. Paul Meyer A.-G.
Berlin N. 39, Lynarstr. 5—6.

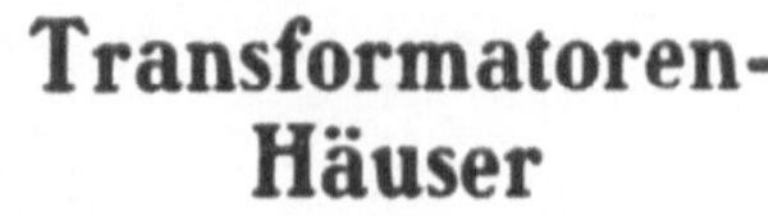

Kollektoren

für Dynamos und Elektromotoren

Transformatoren-Häuser

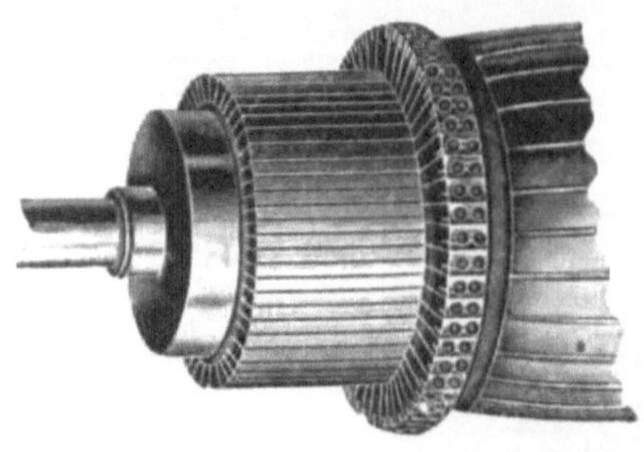

Gitter- und Rohrmaste

Eiserne
Tragegestänge
für hochgespannte
Freileitungen

Neubelegen, Neuanfertigung für alle Systeme

Ankerwicklungen

Umwicklung von Maschinen auf andere Spannungen.
Anfertigung von Reserveankern.

Nordhäuser Elektrizitäts - Gesellschaft

H. UNVERZAGT & Co.   G. m. b. H.

Nordhausen a./H. 33.

C. Conradty, Nürnberg,

Fabrik elektrischer und galvanischer Kohlen.

Spezialität:

Kohlenstifte für elektrische Beleuchtung

Marke "Noris" · Marke "Krone" · Marke "C".

Kohlen
für Elektro-
chemie
und
Elektro-
metallurgie.

Galv. Kohlen
aller Art
und
Mikrophon-
kohlen für
alle Systeme.

Effektkohlen für gelbes, perlweißes, brillantweißes und rotes Licht.
Metalladerkohlen, Marke "Noris-Excello".

Kohlenbürsten von hervorragender, unübertroffener Qualität.

Bronskol-Schleifkontakte.

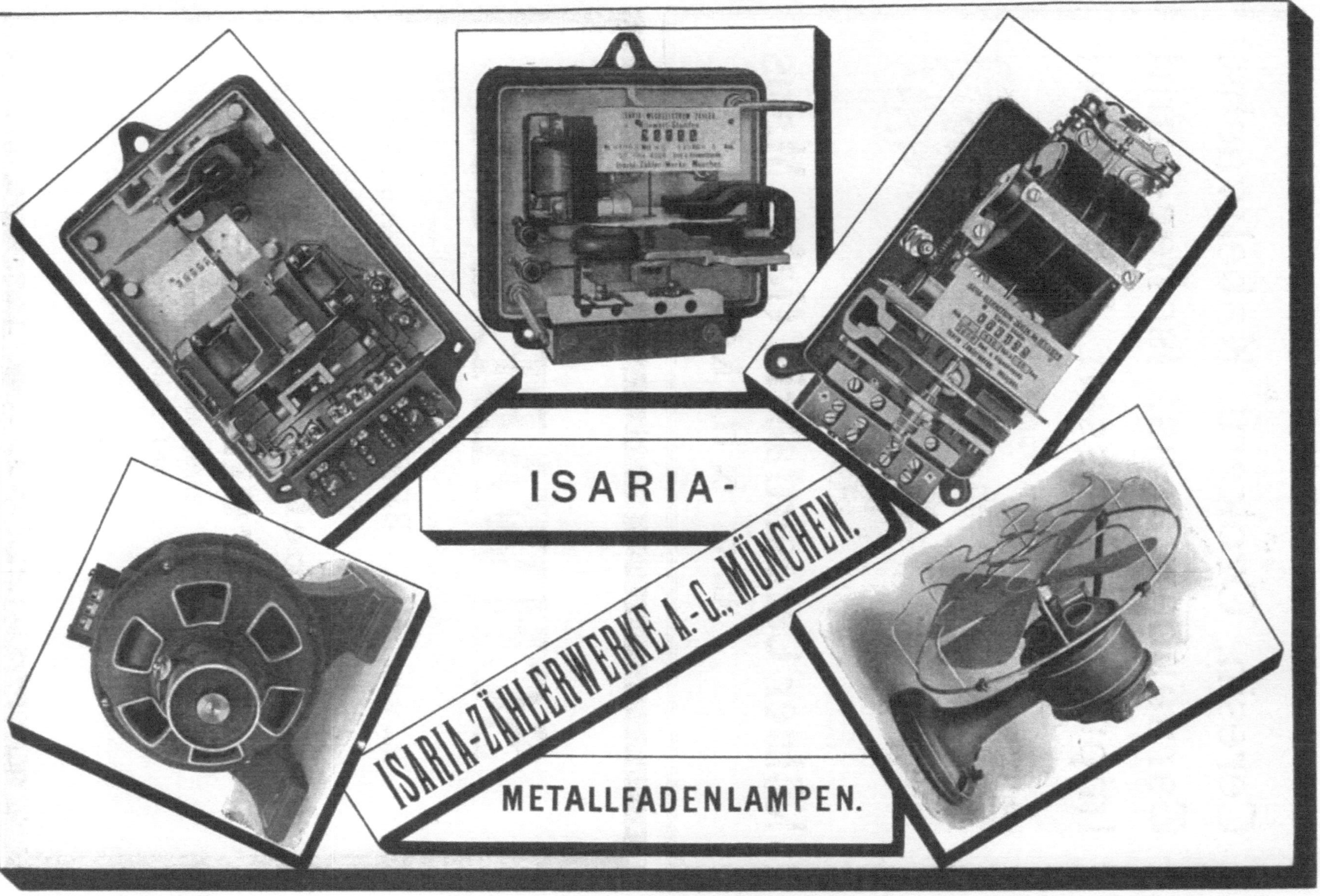

ISARIA-
ISARIA-ZÄHLERWERKE A.-G. MÜNCHEN.
METALLFADENLAMPEN.

VOIGT & HAEFFNER A.G.

FRANKFURT a. M.

Fabrik elektrischer Starkstromapparate.

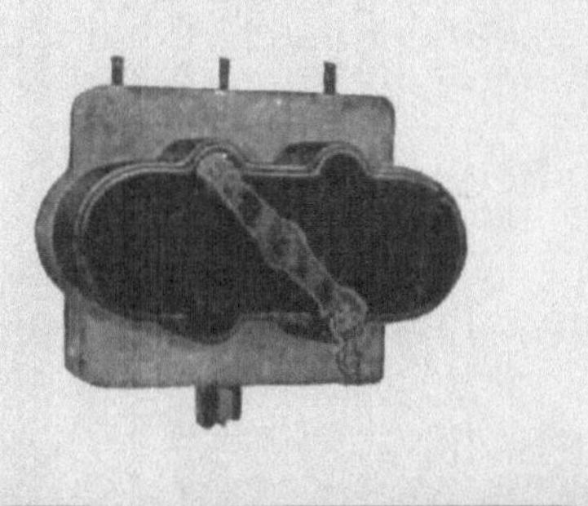

Installationsartikel
aller Art.

Regulierapparate
Automaten
Hochspannungsapparate etc.

Lieferung
vollständiger
Schaltanlagen
für Hoch- und
Niederspannung.

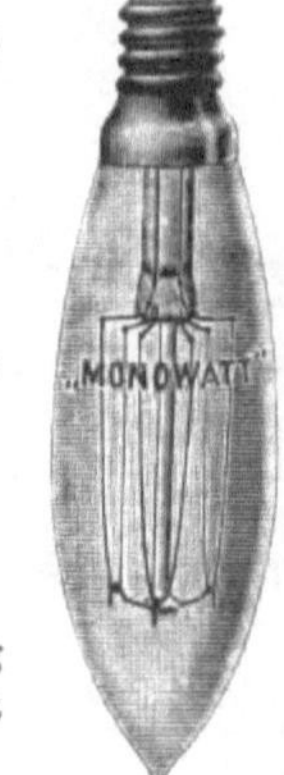

„MONOWATT"

Sparsamste Metallfadenlampe für alle Spannungen und Kerzenstärken in anerkannt erstklassiger Qualität

„Intensiv-Monowatt"

Metallfadenlampen von **100—1000 Kerzenstärken** als vorteilhaftester Ersatz für Bogenlampen.

„Spezial-Monowatt"

Billigste Metallfadenlampe mit Reflektor für Schaufenster-Reklame- und Effektbeleuchtung.

„Monowatt-Kerzenlampe"

„Original-Wattlampen"

(Kohlen- und Metallfadenlampen)

für Kleinbeleuchtung. Ausführung sämtlicher Sondersorten in absolut unerreichter Qualität.

> *Spezialvertretung und Lager unserer Kleinbeleuchtungslampen für Deutschland:*
> ### WILHELM HEYM, BERLIN N. 4,
> *Chausseestraße 42.*

„Kohlenfaden-Lampen"

aller Spannungen und Kerzenstärken.

Tägliche Produktion ca. 40000 Stück.   1200 Arbeiter.

ELEKTRISCHE GLÜHLAMPENFABRIK „WATT",

WIEN, I., Schottenring Nr. 17.

Reduktor Elektrizitäts-Gesellschaft

m. b. H.

(früher: Deutsche Elektro-Sparlicht-Gesellschaft m. b H.)

Frankfurt a. M.

Mainzerlandstraße 251.

Telegr.-Adr.: „Reduktor"

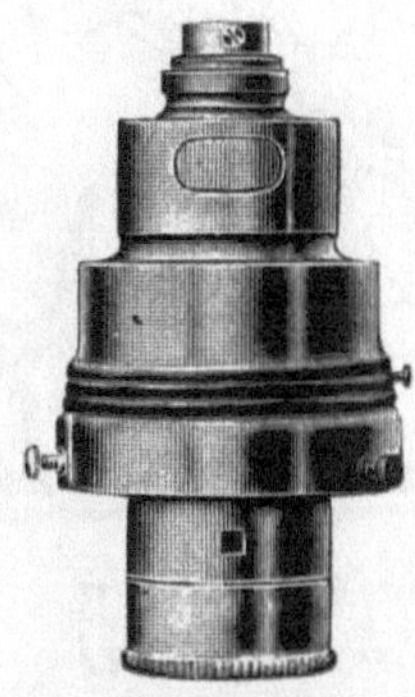

Nippelreduktor 16 Watt.
Preis M. 9.50 brutto.
$^1/_3$ nat. Gr.

Wandkontaktreduktor 16 Watt.
Preis M. 13.— brutto.
$^1/_3$ nat. Gr.

Hängereduktor 32 Watt.
Preis M. 10.— brutto.
$^2/_5$ nat. Gr.

Reduktoren

sind Kleintransformatoren von unerreicht kleinen Dimensionen und hervorragenden Eigenschaften. Dieselben reduzieren in Wechselstromnetzen die Gebrauchsspannung (bis 250 Volt und höher) stets auf **14 Volt** und dadurch ist es möglich, unsere **billigen** und **unerreicht starken Metallfadenlampen** bereits von 5 Kerzen ab zu benutzen.

Die Ökonomie unserer Lampen ist einschließlich Reduktorverbrauch günstiger wie bei normalen Metallfadenlampen, die Lebensdauer beträgt ca. 1000 Brennstunden.

Für Straßenbeleuchtung, unter direkt. Benutzung von Hochspannung, spezielle Modelle, ferner wasserdichte Armaturen mit eingebauten Reduktoren etc.

Porzellanarmatur mit eingebautem Reduktor.
Preis M. 16,50 brutto.

Signalreduktoren für elektrische Klingeln, Uhren etc.

Signalreduktoren für elektrische Klingeln, Uhren etc.

Die Benzin-Lötlampe ist jetzt gar nicht mehr vonnöten
Weil man kann gefahrlos mit der Fludor-Lampe löten!

Die Fludor-Lötlampe ist sehr schön, sehr gut und sehr billig. Sie genügt für die meisten Installationslötungen bis zu 30 qmm. Darum fort mit den teuern und schweren Benzin-Lötlampen!

Preis: 1 Stück = M 0,75 · 5 Stück = M 3,60 · 10 Stück = M 7,00.

Gebrauchsanweisung:

Nur $^2/_3$ füllen und nur mit Spiritus! Loch für die Stichflamme reinhalten!

Versuchen Sie auch unsere Fludor - Lötmittel und Sie verwenden dann nie mehr andere!

Über die Bedeutung unserer Fludor-Lötmittel sind die Akten längst geschlossen. Ausführliche Literatur, Gutachten, langjährige Erfahrung und unsere Erfolge in der ganzen Welt beweisen die überragende Bedeutung der Fludor-Lötmittel.

Preise:

Weichlötmittel:		Hartlötmittel:	
12/1 Fludor-Lötstangen	M 12,00	1 kg Fludor-Hartlötpulver A	
12/1 Dosen Fludor-Lötpasta	M 12,00	(für Stahl, Eisen usw.)	M 5,00
1 kg Fludor-Lötzinn 8 mm	M 2,50	1 kg Fludor-Hartlötpulver B	
1 kg Fludor-Lötzinn 4 mm	M 3,00	(für Kupfer, Messing usw.)	M 5,00
1 kg Fludor-Lötzinn 2 mm	M 5,00	1 kg Fludor-Schlaglot L (leichtfließend)	M 2,75
1 kg Fludor-Lötzinn 1 mm	M 10,00	1 kg Fludor-Schlaglot M (mittelfließend)	M 2,50

Warnung! Wir warnen vor den vielen wertlosen Nachahmungen, gegen die wir wiederholt erfolgreich die Hilfe der Gerichte anrufen mußten.

Gesellschaft m b H Claßen & Co, Berlin W 30/109

Verlag von Julius Springer in Berlin N. — Druck von H. S. Hermann in Berlin SW.